KB275103

Gelato

Gelato

사랑하는!
정말 사랑할 수밖에 없는 표현할 수 없는 그 맛

꼬박 하루를 보내며 도착한 이태리 어느 시골 동네 호텔에서 만난 Espresso는 피곤한 여행자에게 눈, 코, 입을 통한 오감을 만족시켜 주기에 충분했다.

어느 화창한 가을날 우연히 스치고 지나가는 향긋한 커피 향처럼, 배고픈 마음에 정해둔 곳 없이 맛있는 음식을 먹고 싶어 여기저기 다니고 있을 때 눈앞에 나타난 이탈리안 화덕 피자에서 갓 구워낸 마르게리따 피자의 그윽한 내음새 처럼.

음식에대한 끝없는 동경과 사랑은, 어느새 우리 주위에 수많은 이탈리안 음식문화가 자연스럽게 다가와 있었다. 정말 우리도 모르는 사이에… 조용히.

피자, 파스타를 비롯해서 커피, 그리고 우리가 좀 더 알고 싶어하는 Gelato 까지.

10여년전에 우연히 주어진 업무의 한 부분에서 정말 우연히 강제적으로 만나게 된 Gelato는 나에게 다양하면서도 화려한 맛의 세계를 열어주었고, 된장찌개 와 김치를 사랑하는 순수 토종 한국인으로서 이태리 디저트 문화의 한 축을 이루고 있는 Gelato는 도전해서 넘어서야만 하는 큰 산과 같은 어마어마한 숙제이며 스트레스 그 자체였다.

10여년이 지난 지금도, 커피나 피자와 같은 상품은 정말로 많은 사람들이 관심을 보여 주면서, 많은 자료와 우수한 기술의 숙련된 전문가를 배출해내고 소비자에 대한 충분한 소개가 이루어졌으나, 2002년 월드컵 이후에 본격적으로 국내에 소개된 이탈리안 아이 스크림인 Gelato는 아직도 체계적으로 정리되고 기술적으로 설명된 책이 아쉽게도 국 내에는 단 한 권도 없다.

국내 Gelato 업계의 번영과 수많은 Gelato 분야에 직·간접적으로 인연이 있는 모든 분들의 끝없는 궁금증에 대한 최소한의 갈증을 해소 시킬 수 있기를 기원하면서 지난 10여 년 동안 좌충우돌 맛보고 머리가 터지도록 공부하고 정리해두었던 자료를, 궁금함에 목말라하는 미래의 전문가들에게 나처럼 여러 길을 돌아 만나지 않기를 바라며 소개하고자 한다.

Rimini SIGEP Fiera를 다녀온 후
1월 어느날

CONTENTS

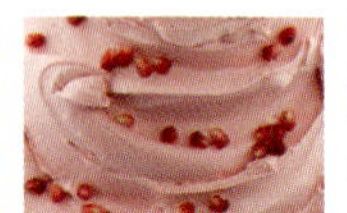

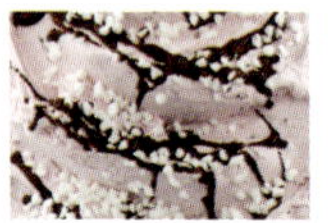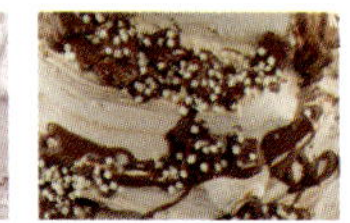

CONTENTS

01

아이스크림이란
무엇인가?

우리가 손쉽게 먹을 수 있는 아이스크림이란 무엇인가?
어떻게 정의를 내려야 이해하기 쉽고, 접근할 수 있을까?
우선 그 내용을 알아보도록 하겠습니다.

아이스크림의
역사

01 아이스크림이란?

우유/유제품(농축유, 분유, 가당연유 등)에 난황, 설탕, 향료, 유화제, 안정제 등이 적절히 배합된 원료를 거품이 생기도록 휘저어 가면서 냉각시켜 얻어진 음식의 일종으로, 혼합된 원재료가 차가운 저온의 실린더 속에서 얼어가는 동안 기계적인 도움을 통해서 일정량의 공기가 함유되어 미세한 거품형태를 갖추어 부드럽고 차가운 식감을 갖게 된다.

또한, 제품의 맛과 특성을 더하기 위해, 견과류, 향신료, 과육 및 기타 부자재를 추가적으로 배합 또는 첨가하여 다양한 맛과 풍미를 증진 시키기도 한다. 이러한 아이스크림을 구성하는 주요 성분을 구분해보면, 주로 3가지로 구분할 수 있다.

- 첫째, 고형 성분: 얼음 결정 및 지방 입자로 구성된 고형 성분
- 둘째, 액상 성분
  ① 순수 고형 성분: 설탕 및 소금
  ② 미립자 용액 성분(Colloid, 졸 형태): 단백질 및 안정제
  ③ 현탁/유화 성분: 지방 및 유화제
- 셋째, 기체 성분: 기포(overrun 이라고도 함)

또한, 주 구성 성분과 추가 성분으로 나누어 비교해보면 주 구성 성분은 지방 입자, 미세 수분 결정, 기포로 볼 수 있으며, 추가적인 성분으로는 설탕, 유단백, 소금, 안정제 등 액상 형태의 부분 동결 성분으로 나눌 수 있다.

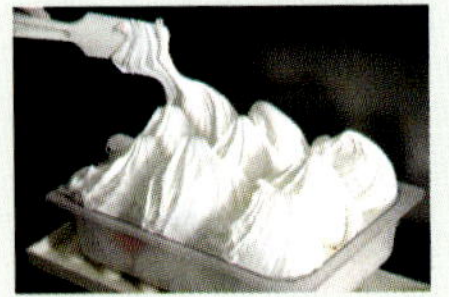

소비자는 최대한 부드럽고 균질화된 형태의 아이스크림을 원하며, 여러 가지 성분이 적절히 배합되고 지방입자 및 수분결정입자의 크기가 가능한 한 미세화 될 수 있도록 만드는 것이 아이스크림의 맛과 품질을 좌우하는 가장 중요한 기준이 된다.

02 해외 아이스크림의 역사

전형적으로 단맛의 제품으로서 여러 가지 당 성분을 포함하여 만들어지며, 색상 또는 향이 첨가되어 냉동과정에서의 수분 결빙 입자의 미세화 과정을 거쳐 완성된다. 나라별로 Frozen Custard, Frozen Yogurt, Sorbet, Gelato라고 명명하기도 한다.

기원전 200년 경에 중국에서는 우유와 쌀을 섞어 얼린 것을 먹었다는 기록이 있으며, Sorbet과 Icecream을 만드는 장치를 고안했다는 내용이 있다. Syrup 형태의 액체 외부에 차가운 눈과 초석(Saltpetre)을 덮어 온도를 낮추는 방법을 사용한 것으로 예상되며, 저온 상태에서 소금 성분은 빙점을 낮추는 역할을 하게 된다.

1) 페르시아 및 중동지역

야칼(Yakhchal)은 이란이나 중동지역에서 사용된 일종의 빙고이며, 중동지역 사람들은 우유를 주재료로 사용하여 과즙 대신 설탕을 첨가하여 아이스크림을 만들었으며, 너트류나 건조과일을 첨가했다.

페르시안 왕가에서는 더운 여름에 눈위에 포도농축액을 첨가한 것을 즐겼으며, 이 경우 야칼에 저장된 눈을 사용했다. 기원전 400년경 페르시안들은 차가운 음식을 고안해서 왕족들이 여름에 먹었으며, 얼음과 샤프란, 과일 향료를 섞어 만들어 먹었다.

로마 네로 황제 시기에는(서기 37~68년) 산에서 눈을 가져와서 과일 토핑을 해서 특별한 디저트를 만들어 먹었다.

2) 아시아

16세기 무국 제국(Mughal Emperors 1526-1857 인도지역을 통합한 이슬람 왕조) 시기에는 기마병을 이용하여 산에서 얼음을 Delhi 까지 운반해서 과일 Sorbet을 만들었다.

3) Eurpoe

16세기경 이태리 공작부인(Catherine de Medici)이 전유럽에 아이스크림을 전파하는 일을 하게 된다.

1533년 Catherine 공작부인이 프랑스 헨리 2세(Duke of Orleans)와 결혼하였고 그녀의 요리사와 프랑스로 이주하게 되면서, 프랑스에 향료가 첨가된 차가운 제품과 Sorbet 기술이 전파되게 된다.

100년 후 영국의 Charles 1세 시대에는 자기소유의 아이스크림 제조 기술자를 두고 제조법을 비밀로 하고 귀족에게만 제공되도록 했으며, 19세기까지 공개되지 않았다. 최초의 소르베 레시피는 1674년 프랑스에서 알려졌다. 1694년경 대중화 됐으며 영국에서는 18세기경 외부로 알려지게 되면서, 1718년 문서로 기록되어진다.

4) 북미지역(North America)

최근 아이스크림에 대한 기록은 1744년 영국(Oxford English Dictionary)에 나타나며, 1877년 잡지를 통해 재 출판된다. 북미지역에는 식민시절에 전달되어 전파되기 시작하며, 뉴욕에 있는 제과점에서 판매를 시작한다.

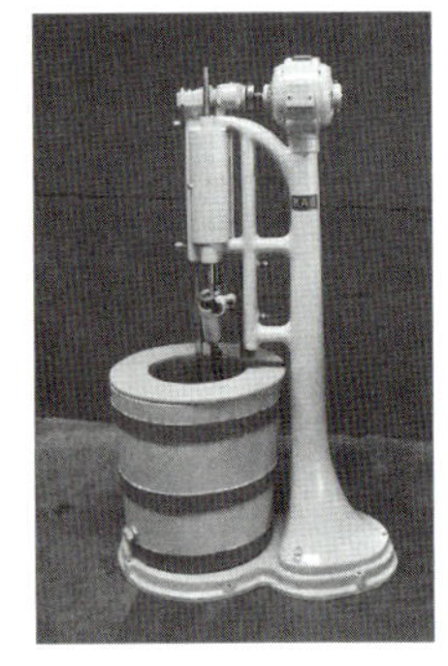

미국 대통령 James Madison(1809~1817 미국 제4대 대통령) 부인이 1813년 대통령에게 아이스크림을 만들어 주었다는 기록이 있다. 1840년경 미국(Nancy Johnson)과 영국(Agnes Marshall)이 소형 수동식 아이스크림 냉각 장치를 개발 보급하게 된다.

이 시기 미국에서 가장 대중적인 맛은 바닐라와 초콜릿 맛이 가장 보편화되게 된다.

5) 대중화 단계

19세기 중반 스위스에서 영국으로 이민 온 Carlo Gatti 가 영국에서 아이스크림 대중화를 이끌게되며, 지중해 지역에서 아이스크림이 일반인들에게 소개되기 시작한다.

19세기 중반에 영국에서 점점 대중화되면서 1851년 Carlo Gatti 가 런던 Tarfalgar 광장 근처 채링 크로스(Charing Cross) 중심가에서 판매를 하기 시작한다.

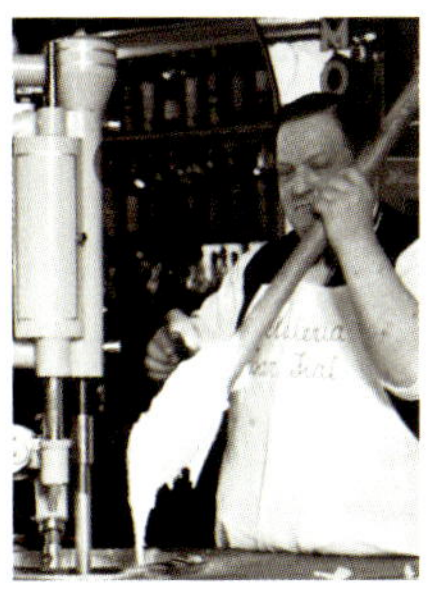

초기 얼음을 영국내에서 조달하다 1860년부터는 노르웨이에서 얼음을 수입하여 사용한다. 또한 얼음의 여왕(queen of Ice)라고 칭송되는 Agnes Marshall이 보다 대중화를 이끌면서 유행에 민감한 중산층에 소비되기 시작하며, 여러편의 조리 관련 책도 출간하고, 심지어 액체 질소를 이용한 아이스크림을 만드는 방법을 고안 하기도 한다.

Ice cream soda는 약 1870년대에 고안되며, 아이스크림의 대중화를 촉진시켰다. 이러한 형태의 차가운 제품은 1874년 미국인 Robert Green 이 고안했다고 알려졌다. 1888년경 미국의 한 요리책에 아몬드를 구워서 만든 아이스크림콘에 대한 레시피가 기록되어 있으며, 1904년 세인트 루이스 세계박람회에서 처음 대중에게 사용되었다.

20세기에 들어서면서 아이스크림이 더욱 보편화 되고 대단한 변화를 맞게 된다. 또한 20세기 중반에 저렴한 냉동 장치가 개발되면서 아이스크림은 폭발적으로 대중의 인기를 얻게 된다. Howard Johnson의 매장에서는 28가지의 맛을 출시하게 되며, Baskin Robbins에서는 매일 한가지 맛을 주제로 한달동안 다른 맛을 즐길 수 있는 31가지맛을 홍보하기 시작한다.

또한 20세기에 개발되는 획기적인 제품으로 Soft Icecream을 이야기할 수 있다. 이 제품은 좀 더 공기함유량을 늘려 생산 원가를 낮출 수 있는 획기적인 상품이며, 소비자의 주문에 따라 소프트 기기의 출구에서 콘에 아이스크림을 바로 담아낼 수 있는 특징을 갖고 있다. 이후로 미국 내 다양한 업체가 생겨나게 된다.

젤라또는 이탈리아어로 '얼었다'라는 의미로 라틴어 "gelātus"에서 파생되었다. 이탈리아에서는 '젤라또'를 아이스크림 그 자체를 가리키는 말로 쓰이고 있으나, 해외로 넘어가면서 '이탈리아식 아이스크림'을 가리키는 의미로 변형되었다.

 국내 아이스크림의 역사

국내 젤라또의 역사는 2002년 한일 월드컵을 기준으로 이전과 이후로 나눌 수 있다.

월드컵 이전에는 젤라또의 선구자와 같은 몇몇 업체가 직영점을 오픈하고 프랜차이즈 사업을 전개 하였으나 대부분 소비자의 인지도가 낮아 프랜차이즈로서 사업의 외형은 키울 수 있었으나 지속적인 품질 개발에는 한계가 있어 사업을 확장하고 유지하는데 한계가 있었다.

생과일을 이용한 떼르드 글라스, 젤라또 전문업체 돌로미티, 그리고 소프트 전문 업체인 레드망고 등 월드컵 이전의 선구자적인 업체로서 국내 Sweet Dessert 업계를 선도하였으나 월드컵 시즌 전후에 탄생된 구스티모와 Palazzo Del Feddo가 고급화된 이탈리안 젤라또를 국내에 소개하면서 외국인은 물론 국내 소비자에게도 많은 행복감을 전해 주었다.

그 후 젤라또 산업이 외국의 레시피에만 의존하면서, 외형적으로 성장하여 국내 소비자와의 눈높이 차이를 두게 된다. 2009년 후반 침체기를 거치면서 2015년 이후 새로운 성장의 분위기가 나타나면서 소형 전문매장을 중심으로 소수의 숙련된 Gelatiere가 도전하면서 현재 커피를 포함한 디저트 시장의 동반 성장을 기대하고 있다.

향후 10여년 동안은 과거에 그러했듯이 Gelato의 재도전이 예상된다. 일반적인 아이스크림과 비교해서 공기 함유량이 25% 미만으로 적고, 밀도가 조밀하여 진한 맛이 있다. 또, 유지방분은 4~6%로 일반적인 아이스크림의 약 절반 수준이며 비교적 저칼로리이다. 법률에서 구분한 아이스크림의 유지방분 함량인 6%보다 적다.

과일 계열의 젤라또는 보통 과즙에 물, 설탕, 안정제, 달걀흰자를 넣어 섞고 공기가 들어가도록 하면서 얼려 만든다. 일부 레스토랑이나 전문점에서는 물을 전혀 넣지 않고 과즙만으로 만들기도 한다.

한국을 포함한 다른 나라에서는 공장에서 기계로 생산한 젤라또가 대부분이나, 이탈리아에서는 여전히 수제 젤라또가 널리 퍼져 있으며 그 인기가 높다.

센텀시티의 젤라띠젤라띠

G. FASSI

02

아이스크림의 분류

젤라또와 다른 아이스크림을
구분하는 기준은 무엇인가?

소프트 아이스크림

젤라또와 구분하여 소프트 아이스크림으로 분류하는 가장 중요한 기준은 연속 생산 방식의 소프트 기기를 사용하여 소비자에게 판매하는 제품을 말할 수 있다. 그러나 구성 성분 및 주요 요소를 기준으로 분류한다면, 제일 먼저 오버런으로 구분하는 것이 가장 분명할 것이라 판단된다.

소프트 기기의 발명은 많은 수요의 소비자에게 효율적이며 경제적으로 차가운 디저트를 어떻게 판매할 것인가하는 시대적인 요구에 의하여 개발되었으며 현재까지 전문 매장 및 중·소형 복합 매장에서 Cold Dessert의 매출 증가에 중요한 역할을 담당하고 있다.

우측 표에서와 같이 Soft Icecream의 대체적인 오버런의 한계를 약 60% 정도로 고려하게 된다. 이는 오버런 60% 이상의 제품을 생산할 수는 있으나 기본 원재료의 풍미가 희석 되어 원재료의 맛을 소비자에게 전달할 수 없게 된다.

오버런 비교(Overrun)

Soft Ice Cream	Gelato
40~60%	25~45%

따라서 오버런이 60%를 넘게 되는 경우에는 원재료의 풍미에 대하여 천연적인 성분보다는 농축되어 있는 성분의 도움이 없이는 소비자에게 제품의 맛과 풍미를 전달할 수 없게 되므로 소프트 기기 선정에 주의해야 한다.

고형분 비교(Total Solid)

Soft Ice Cream	Gelato
20~30%	30~45%

소프트 기기 및 원료의 성분에 따라
제품의 물성이 다른 제품을
생산할 수 있다.
젤라또의 배합비율을 응용한
소프트 제품도 있다.

젤라또

젤라또 역시 배합 비율 및 오버런을 비교하여 제품의 물성을 구분 지을 수 있으며 특히 오버런의 비율이 가장 중요한 비교 성분의 특징이라고 말할 수 있다.

우리가 주변에서 접할 수 있는 젤라또의 특징은 상대적으로 다른 아이스크림에 비하여 오버런이 적은 관계로 같은 부피를 기준으로 무게감을 느낄 수 있다는 특징이 있다.

물론 유화제나 안정제의 역할에 따라 다른 물성을 느낄 수 있으나, 오버런이 상대적으로 낮게 함유된다. 소비자가 느낄 수 있는 식감은 쫄깃하고 풍부한 맛을 즐길 수 있으며, 특히 전통적으로 찰진 맛을 선호하는 우리나라에서 많은 소비자의 사랑을 받는 디저트의 위상을 갖게 되었다

다른 COLD SWEET DESSERT 류와 비교하여 상대적으로 공기 함유량이 적고, 원재료의 풍미를 그대로 느낄 수 있는 아이스크림을 젤라또라고 말할 수 있다.

젤라또는 다품종 소량 직접 생산을 위주로 매장에서 직접 제조 판매하는 방식으로 만들어지게 되므로, 수제 아이스크림이라고 말하기도 한다.

맛있는 밀크류 젤라또는 지방 함량이 4~5% 정도이다. 젤라또는 쇼케이스 내부에서 시간이 지날수록 부피 대비 무게가 증가하게 된다.

온도 및 Overrun에 따른 기능별 구분

구분	Soft Ice Cream	Hard Ice Cream	
		Gelato	Industrial 제품
생산 온도	−5℃ ~ −6℃	− 6℃~−10℃	−6℃ ~ −10℃
숙성/급랭 온도		−18℃ 이하	
보관 온도		−12℃ ~ −14℃	−17℃ ~ −19℃
overrun	40% ~ 80%	25% ~ 45%	80% ~ 120%
기타 특징		신선도 우선	장기보관

[용어정의]

실제적으로 상용화 되어 사용되고 있는 용어를 정의해보면

• Gelato: Italian Ice-Cream을 말하며, 보통 20~35%의 Overrun이 함유된 제품

• Sherbet: 1~2% milk fat, 2~5% Milk solid로 구성

• Soft Serve: 평균 유지방 3~6% , 30 ~50% Overrun

• Custard: 아이스크림 구성 성분에 1.4% 난황 추가, 가열 처리된 베이커리용 크림

하드 아이스크림

주변의 상점이나 마트에서 쉽게 접할 수 있는 영하 18℃ 이하의 냉동 보관고에서 판매되는 아이스크림을 하드, 또는 인더스트리얼 아이스크림이라고 한다.

산업화에 따른 단품종 대량 생산 방식으로 생산 유통되는 제품을 말하며, 제품의 물성 변화를 방지하기 위하여 영하 18℃ 이하로 유지 보관 판매하게 되는 제품을 말한다.

저온상태에서도 부드러운 식감을 유지하기 위하여 상대적으로 많은 공기함유량이 필요하며, 부드러운 식감을 소비자에게 전달하기 위하여 빙결정의 크기를 최소화하기 위한 여러 가지 식품공학적인 기술의 도움을 필요로 하게 된다.

특히 지방의 함량을 최대화 해서 최대한 미세한 기포를 많이 함유할 수 있도록 물성을 유지하여 동결 온도인 영하 18℃에서도 소비자가 부드러운 식감을 유지할 수 있도록 생산 관리하는 것이 제품의 중요한 관리 요인이 된다.

따라서 제품의 온도 변화가 발생되면 대부분의 주요 성분의 결속이 분리되어 아이스크림의 맛이 변하게 된다.

하드 아이스크림을 영하 18℃ 이상의 온도로 관리하게 되면 맛의 변화가 발생되어 강하고 변형된 맛과 물성을 갖게 되어 상품성을 잃어버리게 된다.

Gelato라는 명칭은 이태리어로 '얼리다'라는 뜻의 Gelare 동사의 과거원형인 Gelato 라는 단어가 고유명사화 되어 일반적으로 이태리에서 아이스크림을 뜻하는 단어로서 사용되었으며, 복수 형태인 Gelati라고도 사용된다. 또한 Gelato를 만드는 전문가를 Gelatiere(젤라띠에레)라고 한다.

Gelato를 Artisanal Ice-Cream이라고도하는데 이 점은 매장에서 직접 제조하는 원칙을 준수하는 곳 이 대부분이며, 제조하는 사람들의 정성과 관심이 많이 스며든 수제품이라는 점을 강조하고자 사용 하는 표현이다.

산업용 대량 생산 제품과 젤라또의 기본 특성 비교

산업용 아이스크림 Industrial Ice-Cream

- 저온 생산/연속식 생산체계
- 분말/농축 형태의 원료 사용
- 대량 생산/중앙 공급
- 장기 보관
- 원거리운반 가능
- 한정된 향, 향신료
- 비교적 많은 오버런
- 획일적인 제품
- 한정된 수량/메뉴
- 상대적으로 낮은 보관온도

수제 아이스크림 Artisanal Ice-Cream

- Batch Freezer 사용
- 천연 재료사용
- 다품종 소량 생산 방식 선호
- 단기보관 원칙
- 비교적 근거리 운반
- 다양한 향, 향신료 사용가능
- 낮은 오버런
- 다양한 제품 생산
- 다양한/독창적인 제품 개발 가능
- 점성을 유지하는 보관온도
- 신선도를 최우선 고려

03

기본 용어 정의

젤라또를 포함하여 아이스크림을 만들기 위한
준비 작업으로 최우선으로 원하는 제품의 레시피가 필요하다.
이 레시피에 따라 정해진 양의 원, 부재료를 계량 후 일정한
용기에 담아 액상의 형태로 젤라또를 만들기 위한 최종 액체
상태로, 준비된 원 부재료의 혼합된 액체를 BASE라고 하며,
다른 표기사항으로는 MIX라고도 한다.

화이트 베이스
(White Base)

우유를 주 액상 원재료로 하는 베이스로서 이 베이스에 여러 가지의 첨가향 및 맛을 더하여 밀크류 제품의 다양성을 전개할 수 있다.

01 우유를 사용하는 기본적인 젤라또 메뉴

1) 라떼 / 요거트 Latte / Yogurt

2) 피스타치오 / 헤이즐넛 / 바닐라 / 치즈 Pistachio / Hazelnut / Vanilla / cheese

옐로우 베이스
(Yellow Base)

화이트 베이스와 유사한 배합을 사용하지만 Egg Yolk를 첨가하여 유화기능을 부여하는 고전적인 이탈리안 베이스로서 Egg Yolk를 사용함으로써 Protein을 얻을 수 있으므로 MSNF의 사용량을 조절할 수 있다.

달걀 노른자 Egg Yolk

평균 달걀 60g에 약 18g 정도가 달걀 노른자이다. 일반적으로 달걀 노른자 18g 중에서 약 1.8g 정도의 레시틴이 있다고 예측하여 사용한다.

코코아 베이스
(Cocoa Base)

코코아 분말을 사용하여 초콜릿 젤라또를 만드는 베이스이다. 전통적인 방법을 이어가
는 매장에서만 볼 수 있으며, 자주 사용하지 않는 베이스이다.

현재의 Gelatiere는 위생성을 고려하고, 고형분이 가볍고 사용이 편
리한 베이스를 선호하는 추세이다.

과일 베이스 또는 워터 베이스

생과일을 사용하여 신선한 품질의 상큼한 젤라또를 만들어 판매하기 위한 베이스로서 우선 물과 당도 보충을 위한 설탕 등을 섞어서 기본 액상을 준비한다. 이 기본 베이스에 과일을 첨가하여 완성하므로 물(Water) 베이스  라고 부른다. 전문기술 숙련도에 따라 미리 준비된 과일 베이스(일정한 점도를 갖는 액제) 에 다양한 종류의 과일을 첨가하여 손쉽고 빠르게 젤라또를 만들 수 있다.

이태리에 있는 오랜된 전문점에서 자주 시연 및 홍보 목적으로 매장에서 직접 젤라또를 시연하여 보여주는 경우가 많은데, 미리 손질해둔 과일과 이 점도가 높은 액체 상태의 과일베이스를 섞어서 즉석에서 젤라또를 만들어 보여주며, 이 베이스는 대대로 이어 내려오는 가문의 비법이라고 말하는 경우가 있다.

1) 과일 Base의 주 구성 성분

과일 Base의 주 구성 성분은 물, 설탕, 과일 Juice(또는 과육)와 안정제로 이루어져 있다. 과일 Base의 맛을 좌우하는 가장 결정적인 재료나 성분은 과육의 신선도이므로 과일 Base를 이용해서 Gelato를 만들 경우에는 제철과일이나 과일의 안정적인 가격과 공급 상태를 최우선으로 검토해두어야 한다.

신선한 과육 대신 캔 제품이나 시럽, 냉동 제품의 원료 및 농축액을 사용할 수 있으며 이러한 대체 과일 원료는 상대적으로 풍미와 당도가 높아 일반 매장에서 선호하는 편이다. 또한 설탕과 고형분을 조절함으로서 Sorbet 제품을 손쉽게 만들 수 있다.

2) 과일 Base의 종류별 물 배합비율

과일류 Gelato에서 중요한 배합 비율은 물과 설탕의 함유량을 통한 적절한 고형분 산출 이며, 적정 당도를 만들어내는 작업이 선행되어야 한다.

- 강한 맛의 과일류(레몬 등)   1 : 2.5~4.0(10~20%)
- 중간 산도의 과일류(딸기, 키위 등)   1 : 1.0~2.5(20~40%)
- 맛이 약한 과일류(수박, 밀감 등)   1 : 0.5~1.0(45~75%)

3) Gelato와 Sorbet의 특징 비교

Gelato와 Sorbet 제품의 특징을 간단히 비교해보면 상대적으로 Sorbet 제품의 공기 함유량이 적고 고형분의 비율이 낮다. 또한 유화 안정제의 성분이 거의 사용되지 않는 특징이 있다. 제과, 제빵 분야에서 디저트 개념으로 제조되는 Sorbet의 경우에는 순수 과육과 당 성분만으로 만들어지는 경우가 대부분이며, 동결과정에서 빙결정을 작게하기 위해서 수시로 휘핑작업을 하게 된다.

GELATO (Milk-based)	차이점 비교	SORBET (Water-based)
30 ~ 40%	공기 함유량	20 ~ 25%
17 ~ 21%	Sugars	26 ~ 30%
4 ~ 8%	Fat 함유량	0%
34 ~ 40%	Total solids	30 ~ 34%

4) 생과일을 사용하는 경우의 기본 배합비율

과일류 기본 배합비율 (Water base)		Weak Fruit 배합비		Milk Base 사용시 배합비율	
Fruit (Fruit)	250 gr (250 gr)	Fruit	750 gr	Fruit	250 gr
Sugar (Sugar Syrup)	250 gr (500 gr)	Sugar	250 gr	White Base	720 gr
Water (Water)	500 gr (250 gr)	Stabilizer	5~7 gr	Dextrose	+/- 30 gr
Stabilizer	5~7 gr (5%)	1,000 gr		1,000 gr	
1,000 gr					

기본적으로 과일을 사용하는 경우의 고형분 및 당 성분 비율을 분석한 내용으로 때때로 Milk Base에 농축원액과 과일을 혼용해서 사용하는 경우도 있다.

02 과일 베이스 준비

과일류에 사용되는 베이스 파우더 및 생과일과 추가적으로 사용할 페이스트를 준비하여
정해진 레시피와 작업 순서에 따라 과일 베이스를 준비한다.

견과류와 과일의 토핑

밀크 베이스와 과일 토핑

03 과일 베이스 만드는 과정

페이스트 배합

밀크 베이스 배합

고형분

Gelato를 이해하기 위한 가장 기초적이며, 필수적인 항목중에 하나가 고형분이다. 앞에서 설명한 베이스에 무엇이 첨가되어 있으며 그러한 여러 가지 성분의 분포는 어떠한 비율로 구성되어 있는지 수식으로 분석하는 작업이 젤라또 전문가가 되기 위한 가장 중요하면서도 기본적인 출발점이 된다.

고형분이란 Solid라고도 하며 액상 상태로 젤라또를 만들기 위해 준비한 베이스의 수분을 제외한 고형성분의 비율로 정의한다. 또한 각각의 고형 성분의 기본 구성비율과 특징을 이해함으로써 젤라또 제조 및 개발의 무수한 시행착오를 획기적으로 줄일 수 있으며 매장에 맞는 합리적이며, 경제적인 배합 비율을 산출할 수 있다.

1) 고형분 분석을 통한 젤라또 특성 파악

2) 주요 성분의 기능 이해 및 개선 방향 예측

3) 시행착오 비용의 최소화

4) 제품별 특성 비교 및 보정 가능

5) 효율적인 생산 관리 및 원가절감

- 고형분을 Solid라고 하며 액체의 베이스에서 물을 뺀 나머지 성분의 총합계 무게이다.
- 액상의 우유를 말려서 수분을 제거하면 분유를 얻을 수 있다. 이 경우 우유로부터 만들어진 분유의 양이 액상의 우유 속에 있는 고형분이라고 말할 수 있다.

Gelato를 배합 제조하는 담당자는 반드시 Gelato의 고형분을 계산해낼 수 있어야 한다. 고형분을 자유롭게 계산함으로써 본인이 직접 제조, 생산하는 제품의 동결 특성 및 향후 발생될 수 있는 문제점에 대해서 사전에 예측해볼 수 있을 뿐 아니라 제조기의 상태가 변하거나 살균 과정 및 생산 과정 전반에 걸친 문제점을 확인하는 것만으로도 예측하거나 해결할 수 있기 때문이다.

01 고형 성분이 의미하는 주요 기능

주 구성 성분	맛있는 젤라또의 고형분 범위(32~36%)
Sugars/설탕	제품의 동결 특성에 직접적인 영향
Fat/지방	Overrun에 대한 직접적인 영향
MSNF/유고형분	Total solid에 대한 Balance 및 무게감
Stabilizer/안정제	점도증진 및 빙결정 미세화 담당
Emulsifier/유화제	유화 과정의 안정성을 통한 식감 개선
Flavour/향	향미 증진

◉ 고형분에 대한 사항은 4장 젤라또 만들기에서 다시 한번 자세하게 다루기로 한다.

02 Milk Base의 주요 구성 성분의 기본 비율

구 분	기본 Recipe	Sugar	FAT	MSNF	Others	Total
Milk	1,000 gr	–	35	90	–	125 gr
Sugar	220~260 gr	240	–	–	–	240~260 gr
Dextrose (Glucose)	20~40 gr	30	–	–	–	20~40 gr
Cream	100 gr	–	35	6	–	41 gr
Skimmed Powdered Milk	20~40 gr	–	–	40	–	20~40 gr
Stabilizer	5~10 gr	–	–	–	5~10	5~10 gr
Others	0.1 gr					0.1 gr
(평균 비율)	1365~1450 gr	270 gr (17~19%)	70 gr (4~8%)	136 gr (9~10%)	5~7 gr (0.5%)	450~520 gr (33~36%)

Milk Base를 포함한 Gelato Base는 항상 일정한 비율에 의한 구성 특성을 반드시 나타내고 있다. Gelato의 변성 및 조화를 이루기 위해서는 주 구성 성분의 비율을 충분히 이해하고 조정해야만 제품의 안정화 및 원가절감을 기대할 수 있다.

오버런
(Overrun)

오버런이란 혼합된 베이스 원료가 제조기에서 동결 과정을 거치는 동안 외부 공기가 유입되면서 부피가 자연적으로 늘어나게 된다. 이 과정 동안 액상의 베이스 기준으로 흡수하게 된 공기의 양을 오버런이라 한다. (팽창률)

재료의 구성 성분, 혼합과정 및 제조기기의 특성에 따라 혼입되는 공기의 비율이 다르게되며, 최종 젤라또의 물성에 영향을 주게 된다.

따라서 오버런은 젤라또의 특징과 물성을 구분하는 하나의 중요한 분석요소로 활용할 수 있다. 냉동기기의 냉동 능력이 강하다고 좋은 품질의 젤라또를 만들 수 있는 것은 아니다. 냉동능력과 제조기 내의 비터의 접촉 간극 및 회전수, 그리고 얼마만큼의 냉각 능력을 젤라또에 부여하여 빠르게 추출할 수 있는지 등의 여러 가지 기계적인 요인도 오버런에 많은 영향을 주며, 이 또한 최종 젤라또의 품질을 좌우하는 주요 요인이 된다.

$$OVERRUN = \frac{MIXTURE\ WEIGHT(GR) - GELATO\ WEIGHT(GR)}{GELATO\ WEIGHT(GR)} \times 100$$

오버런은 Gelato가 만들어지기 위해 준비된 Base 원액이 제조기를 지나는 동안 원액 Base가 흡수되는 공기의 비율을 말한다.

 비터
=======

젤라또 제조기의 내부에서 액상을 동결 시키는 동안 저어 주면서 실린더 내부의 동결되어가는 반고체 상태의 젤라또를 깎아내면서 섞어주는 부품

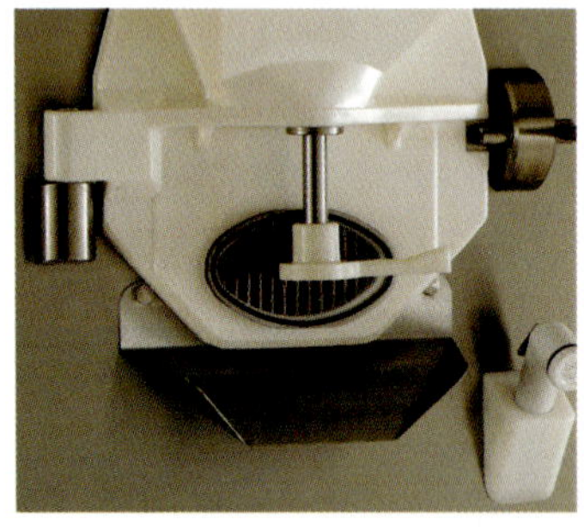

수평형 제조기 전면부

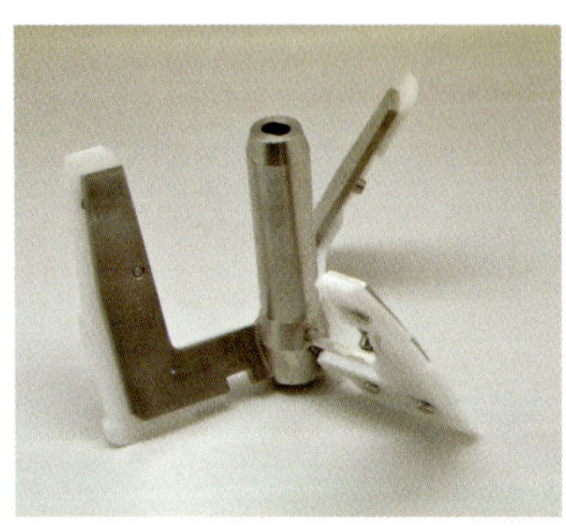

수평형 제조기 비터

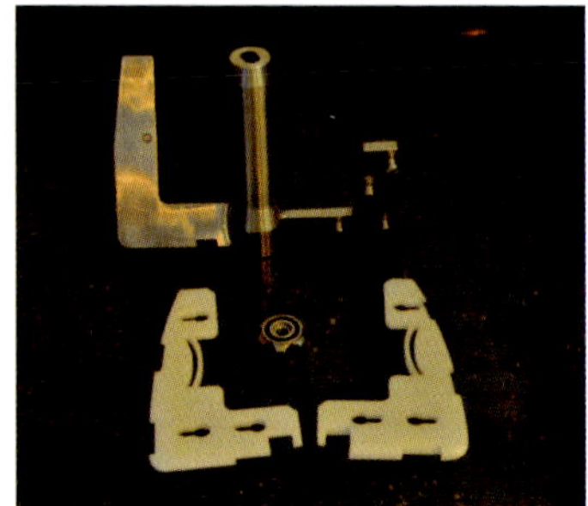

비터 분해도

02 오버런 측정 과정

액체 Base 담기

Base 저울 계량

젤라또 담기

Gelato 컵에 담기 저울 계량

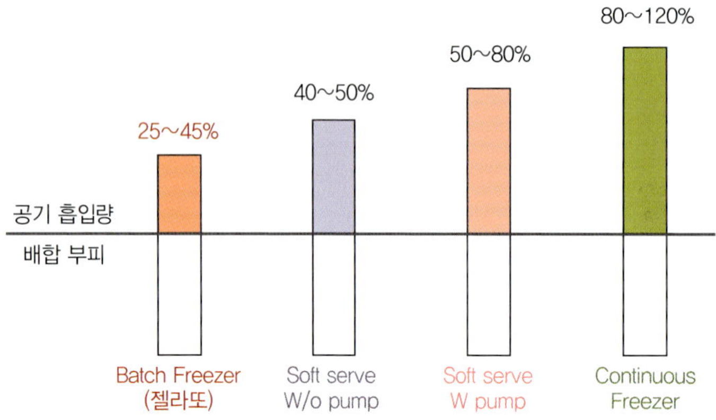

Soft Server를 통해 만들어진 Soft 제품의 경우 일반적으로 40~50% 정도의 Overrun을 함유하게 되며, Pump 방식을 적용할 경우 보다 높은 Overrun을 얻을 수 있으나 이 경우에는 기본 Base의 맛의 농도가 약하게 되므로 초기 배합원료를 선택할 때 최종 제품의 풍미를 확인해야 한다.

오버런은 최종제품의 성상과 특징을 구분할 수 있는 가장 기준이 되는 확인 수단일 뿐 아니라 제품이 냉동상태에서 어떠한 맛과 식감을 소비자에게 전달해줄 수 있는지 예측할 수 있는 주요한 점검 항목이 되므로 충분한 이해가 필요하다.

또한 제조 및 생산 기계의 도움으로 오버런을 조정할 수도 있지만, 도표에서 보는 바와 같이 오버런에 따라 제품의 구분이 확연히 달라지게 되므로 맛있는 젤라또를 만들기 위해서는 무리한 오버런이 발생되어 포함되지 않도록 성분 및 원재료 관리에 신경을 써야 한다.

04 소프트 기기 설치 사례

Brix와 당도

01 브릭스 메터(Brix Meter)

젤라또를 만드는 과정 중에서 배합된 원재료의 성상이 제대로 배합되어 제대로된 품질을 간단히 확인 점검하는 하나의 기준으로, BRIX Meter를 사용하는 경우가 있다.

그러나 이러한 점검과정에서 당도를 측정하는 방법으로 잘못 이해하고 국내 매장에서 적용할려고하는 경우를 종종 발견하게 된다.

Brix Meter는 그 기능과 원리를 볼 때 순수한 물에 이물질이 녹아들게 되면 상대적으로 순수한 물에 비하여 일정량의 이물질이 함유된다. 빛의 굴절각이 변하게 된다.

이를 이용하여 순수한 물에 대비하여 용해된 물질의 총량을 손쉽게 비교 확인하는 기구가 Brix Meter라할 수 있다. 따라서 Brix Meter 를 이용해서 당도를 계측하는 것은 정확하지 않은 방법이라 말할 수 있다.

빛의 굴절을 이용한 굴절계(Brix Meter)

Brix 계측기는 간단하게 과일의 당도를 나타내기 위하여 편리하게 사용한다. 그러나 좀 더 정확한 산술적인 접근을 위해서는 반드시 디지털 당도계를 사용해서 좀 더 정확한 당도값을 확인할 필요가 있다.

특히, 대량 생산이나 예민한 과일 Gelato를 생산하거나 개발하고자 할 경우 두 가지 계측 장비의 도움이 필요하며, 추후 Showcase 내에서 발생되는 Gelato의 녹는 현상에 대한 정확한 분석 및 조치가 가능하게 된다.

02 디지털 당도계

반면에 순수한 당도만을 계측하려면 시중에 판매되고 있는 디지털 당도계를 사용하는 방법이 정확하다.

무엇보다 Gelato 전문가로서 젤라또를 자유롭게 분석 개발하고자 한다면, 수작업으로 베이스의 내용물을 계산해서 고형분 총량 및 각 주요 성분의 비율을 산출할 수 있어야 한다.

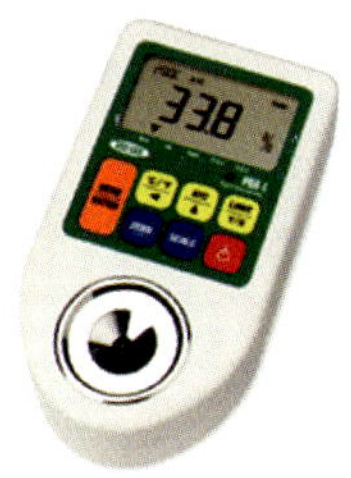

디지털 당도계는 액상 내에 존재하는 당 성분의 총량을 % 단위로 검측하여 표시하는 기기로서 액상 혼합물의 염도를 측정할 수 있는 장비도 있다.

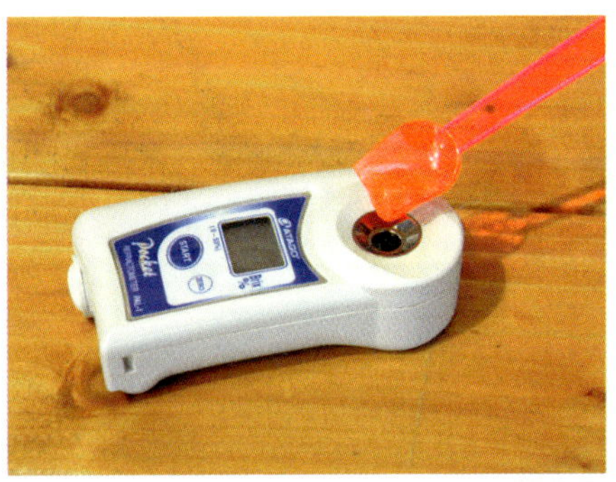

젤라또 생산 중에 Brix meter를 사용하는 것은 혼합된 원료의 상태가 바르게 배합/준비되었는지 검측하는 하나의 수단일 뿐이다.

04

젤라또 만들기

젤라또를 만드는 전문가를
젤라띠에레(Gelatiere)라고 합니다.

매장관리

01 위생관리

젤라또를 만드는 사람을 Gealtiere(젤라띠에레), 젤라또를 전문적으로 판매하는 매장을 Gelateria(젤라떼리아)라고 한다.

젤라떼리아에서 가장 우선적으로 고려해야 될 사항은 다른 디저트를 취급하는 매장도 마찬가지겠지만 위생관리가 가장 중요하다고할 수 있다. 우선 우유를 포함하는 변질되기 쉬운 원부재료를 취급하며, 제품을 0℃ 이하의 상태로 얼려서 판매한다는 생각 때문에 위생적인 측면을 다소 소홀하게 생각하는 경우가 종종 발생된다.

따라서 가장 기본적으로 젤라떼리아를 운영함에 있어서 첫째도 위생 둘째도 위생에 초점을 맞추어 관리해야 한다.

1) 제조 공간 내 배수구 확보

제조 작업실을 볼 때 바닥면에 배수구가 있어야 일일 작업 마감 후에 대대적인 물청소를 할 수 있다. 또한 우유, 설탕 및 지방 성분을 다루는 공간이기 때문에 수시로 청결한 상태 유지가 필요하며, 청소가 이루어 지지 않을 경우 유해균의 증식이 쉽게 일어날 수 있는 원인을 제공한다.

2) 작업대 및 보관 공간

사용한 부분품이나 기물 용기들을 말려서 보관할 수 있는 작업대 및 보관 공간이 확보되어야 한다. 미생물 및 유해 균증식을 별도의 살균제 없이 막을 수 있는 방법은 모든 기물을 건조시키는 방법이 최고의 수단이다. 작업장 내에서 모든 기물은 말려서 보관한다.

3) 배출기

원재료를 배합 보관하는 공간에는 원재료가 액상, 또는 가루형태의 제품을 사용하므로 작업중에 분진이 발생할 수 있으며, 이러한 미세분진을 외부로 배출 시키는 장치가 없을 경우 어디에나 쌓이게 되고 결국에는 냄새를 발생시키거나, 부패하게 되는 원인을 제공하게 된다.

따라서 매장 내 모든 공간에서는 깨끗이 청소하고 말려서 보관해야 좋은 젤라또를 만드는 기본 조건이 된다. 수시로 청소하고 건조시키는 습관이 필요하다.

단, 관리가 이루어진다고 해도 업무를 하지 않는 저녁시간 동안 유해균의 증식이 이루어질 수 있기 때문에 최종적으로 기물을 사용하기 전에 무독성 살균제를 사용하여 혹시나 있을 수 있는 균에 대한 살균처리를 한 후 사용한다.

최근에는 알코올 성분이 함유된 살균제를 사용하는 경우가 많이 있지만, 젤라또의 특성상 알코올의 특유한 냄새 및 휘발성분이 순수하고 신선한 젤라또의 맛과 향을 저해하게 되므로 개인적으로는 알코올 성분이 함유된 살균제는 추천하지 않는다.

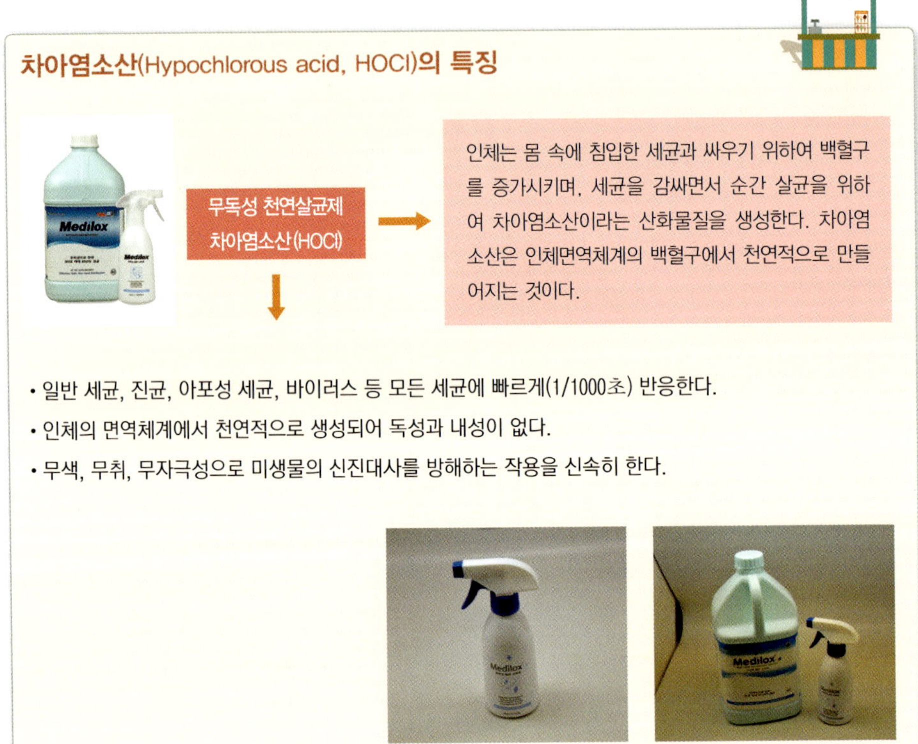

02 영업 준비

1) POS 점검

영업 준비전 POS의 전원을 켠다.

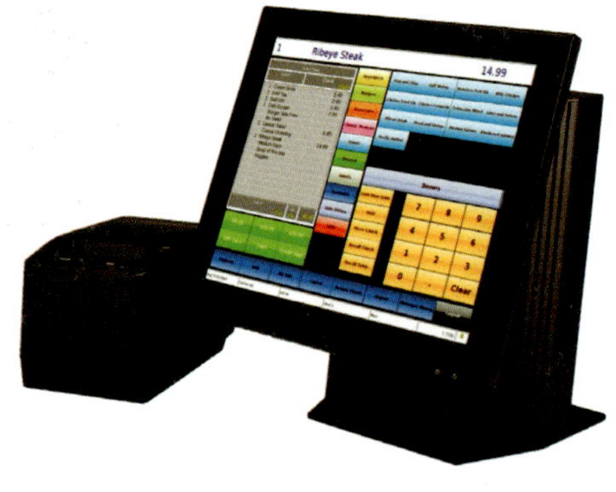

2) Showcase 점검

기기 점검전에 세척과 소독 작업을 우선 실시한다. 전원과 조명 스위치를 켠다.

3) 소모품 및 기물 확인

영업 및 젤라또 생산 준비 전에 POS 및 Showcase 점검과 함께 당일 영업 판매에 사용
될 수 있는 소모품 등을 정위치에 준비하여 당일 영업 준비 작업을 한다.

03 영업 마감하기

1) 생산 및 판매에 관련된 기기 기물의 세척 및 소독

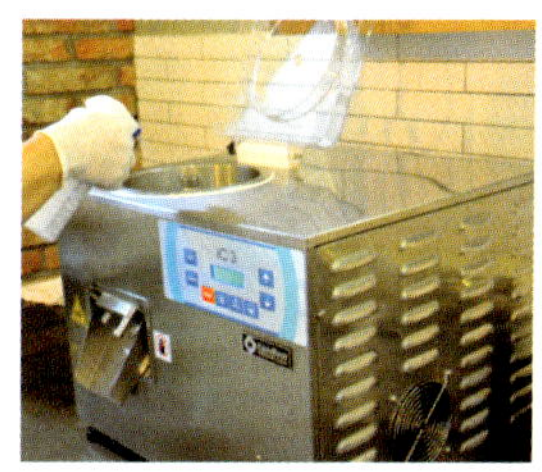

일일 업무를 마감하면서 가장 중요한 작업은 사용한 기기의 세척 및 소독작업 등의 위생관리가 가장 중요하다.

2) Sowcase 점검 및 정리 정돈

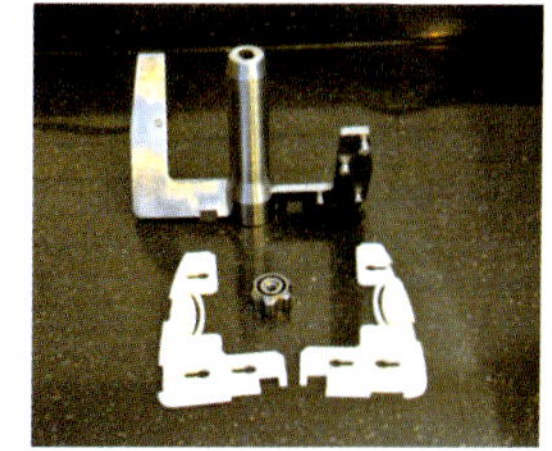

판매 과정에서 깨끗하게 관리 되지 않은 Showcase 내부를 정리 정돈하고 남아있는 제품은 별도의 냉동실에 보관한다.

판매하고 남은 젤라또는 별도의 냉동고에 보관함을 원칙으로 하며,
Showcase는 최소한 주 1회 전원을 끄고 내부에 누적된 성애를 자연 해동하여 제거하고 관리해야 사용 수명을 연장할 수 있다.

3) 주변정리

일일 작업 중에 소홀하게 관리된 기물 및 기구류를 세척 소독하고 정위치에 건조될 수 있도록 한다. 다음날 영업에 사용될 수 있는 소모품의 수량을 예측하고 보충하여 일일 마감을 준비한다.

4) POS 마감

일일 판매 현황 등 POS 내용을 확인 정리하고 일단위, 주단위 또는 월단위 판매 동향을 분석하고 일일 영업을 종료 한다.

04 기물관리

젤라떼리아에서 사용하는 기본적인 기물을 살펴보면 다음과 같다.

1) 스쿱

저온의 보관 상태에서 젤라또를 손님에게 제공하는 기구이며, 최종적으로 소비자에게 제공하기전에 젤라또를 한번더 비벼서 최상의 물성이 되도록 해주는 아주 중요한 도구 이다. 작업자의 숙련도에 따라 같은 젤라또라고 하더라도 소비자가 입에서 느끼는 만족도가 달라진다.

다양한 구성의 스쿱을 사용하기도 하지만, 주로 사용자의 손에 의한 2차 감염을 최소화하기 위하여 스쿱 앞쪽은 금속 재질로 되어 있고 손잡이 부분은 다른 재질로된 제품을 주로 사용한다.

2) 스페튤라

젤라떼리아에서 사용하는 스페튤라에는 두가지 종류가 있는데 끝부분이 부드러운 고무 재질로 되어 있는 제품과 끝부분이 딱딱한 재질로 되어있는 제품이 있다.

우선 고무 재질로 되어 있는 스페튤라는 배합이 완료된 베이스 액체를 제조기로 부어넣을 때 잔유물이 없도록 깨끗이 닦아내는 용도로 사용하며, 딱딱한 재질의 스페튤라는 내용물을 저어주거나 모양을 내거나, 바트에 젤라또를 옮기는 용도로 사용한다.

 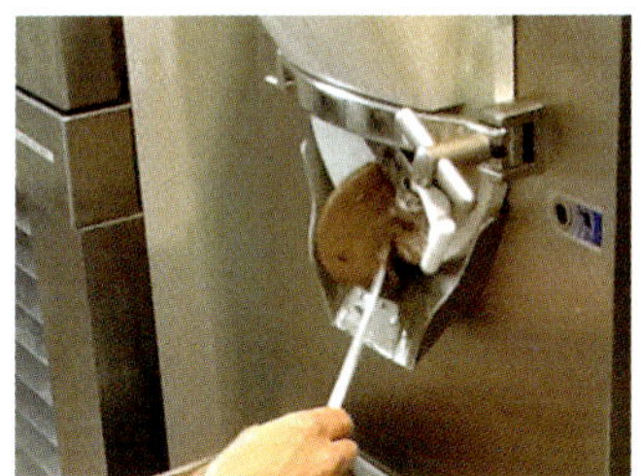

3) 배합통

원부재료를 모두 넣고 섞어주는 목적으로 사용하며, 외부에서 내용물의 상태를 볼 수 있는 투명, 또는 반투명 재질을 사용하고, 외부에 계량 눈금이 표시되어 용량의 상태를 확인할 수 있어야 한다.

또한 평균적으로 제조기의 처리 용량에 따라 다르게 사용될 수는 있지만, 대체적으로 5~7리터 정도의 크기를 사용하며, 배합된 원재료 베이스를 냉장 상태로 휴지시키는 경우가 있으므로 내열성 및 내한성 재질의 제품을 사용한다. 경우에 따라 뚜껑이 있는 제품을 선호하는 경우도 있다.

4) 저울

보통 사용되는 저울은 최소 10kg을 계량할 수 있는 용량의 저울을 사용하며, 저울의 정밀도는 1g 단위의 오차를 측정할 수 있는 저울이면 충분하며, 때로는 2g의 오차를 보이는 저울을 사용하기도 한다.

단, 아주 예민한 과일류나, 신규 개발 레시피를 확인, 검사해가면서 베이스를 배합할 경우에는 별도의 0.1g 단위를 계량할 수 있는 정밀한 저울을 사용해야 한다.

이 경우에는 제품의 물성 변화에 민감한, 고농도의 유화제나, 안정제를 사용하기 때문에 계량단위가 정확한 저울을 사용해야 한다.

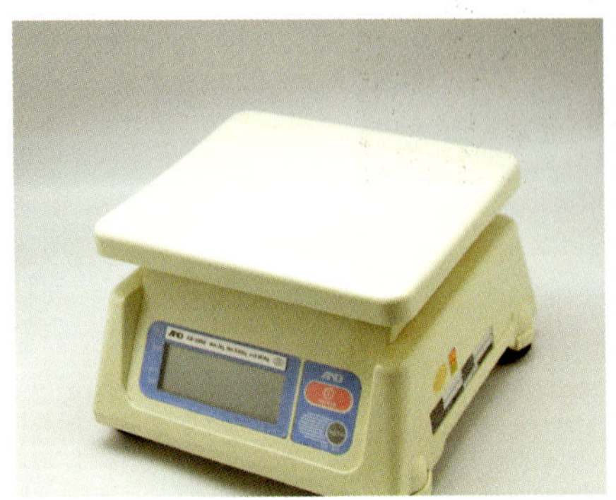
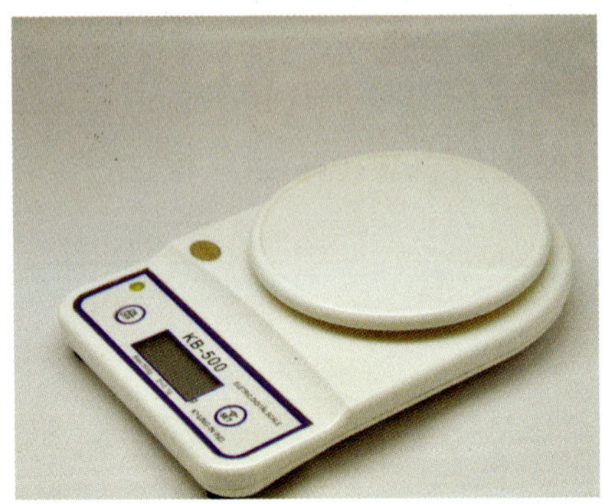

5) 바트

젤라또를 쇼케이스 내에 전시 보관하기 위안 용기를 바트라고 하며, 주로 바트의 재질은 스테인리스 스틸로 되어 있으며, 저장 용량에 따라 5리터, 7리터 바트로 구분하며, 쇼케이스 제조사의 배열에 따라 다소 용량의 차이가 있다.

또한 쇼케이스 내에 진열 효과를 높이기 위해 플라스틱 재질의 바트를 사용하는 경우도 있으나, 금속 스쿱을 사용함으로 인한 내부의 긁힘 현상으로 오래사용하면 투명도가 떨어지고 위생적으로 부정적인 결과를 나타낼 수 있다.

종류별 바트 사이즈 표 (Easy best)

PANS MODEL			12	16	18	20	24
PANS 2.5L 325*176*65h GN 1/3	PANS 4L 325*176*100h GN 1/3	PANS 5L 360*165*12h	12	16	18	20	24
	PANS 4.5L 325*265*65h GN 1/2	PANS 6.5L 325*265*100h GN 1/2	8	10	12	12	14

젤라또는 스위트 디저트의 한 종류이며, 그 명칭에서 볼 수 있는 것처럼 설탕의 사용량이 많다. 따라서 외부 오염 등의 위험 요소를 최소화하기 위해서 사용빈도가 많은 설탕의 보관에 신경을 써야 한다.

또한 기본적인 베이스류의 파우더들도 당류 가공품이 많으므로 파리 등의 벌레나 이물질이 혼입되지 않도록 사용 전, 후 보관에 주의해야 하므로 별도의 보관용기를 사용하여 저장하는 것이 좋다.

05 기물 및 용기류 관리

작업 전, 후에 반드시 정위치에 기물을 놓고 항상 건조할 수 있는 위치에 정리하여 놓는다. 사용한 용기 및 기물류는 반드시 빠른 시간 내에 세척한다.

작업장 내의 바닥은 우유 및 지방 성분의 원재료를 다루기 때문에 항상 미끄러울 수 있기 때문에 바닥이 매끄러운 신발을 착용할 수 없으며, 대체적으로 작업 공간이 협소한 관계로 작업중 다치는 경우가 발생될 수 있어 작업자의 세심한 주의가 필요하다.

06 안전 관리사항

1) 작업장 / 제조실 바닥의 수분제거

작업장의 청소 및 세척이 제대로 이루어지지 않을 경우 미끄럼 사고가 날 수 있는 환경이므로 주의해야 하며, 지방 성분 및 당 성분 원료를 사용한 후에 바닥에 물기가 없도록 처리한다.

2) 제조기 및 장비류 정리 정돈

소형 또는 중대형의 젤라또 제조기기는 주로 금속의 재질로 되어 있으며, 도어 부분이나 내부 부속품들을 분리 세척이 용이하도록 설계되어 있어 부분품을 분해 조립할 경우 작업자가 떨어뜨리거나 부주의한 경우에 경미한 사고를 발생시킬 수 있으므로 부품의 분해 조립 시에 다치지 않도록 주의해야 한다.

제조기기 분해 및 건조 작업 과정

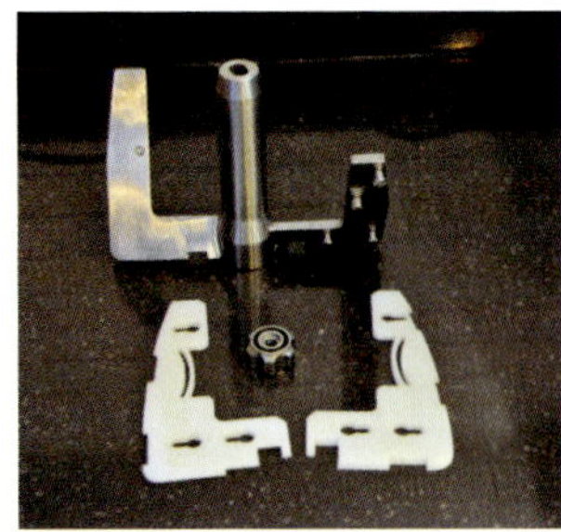

비터 및 블레이드

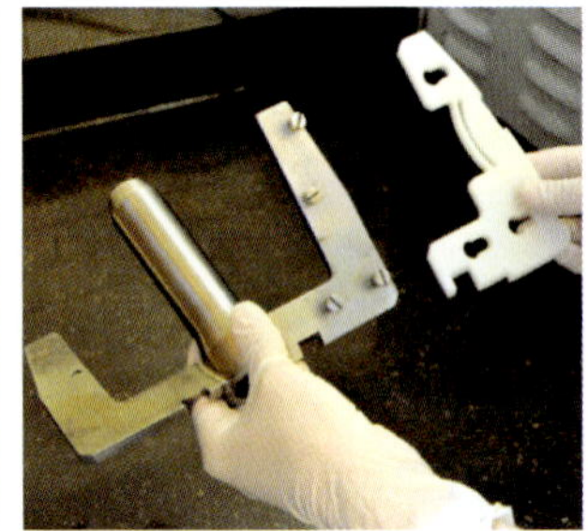

블레이드 조립

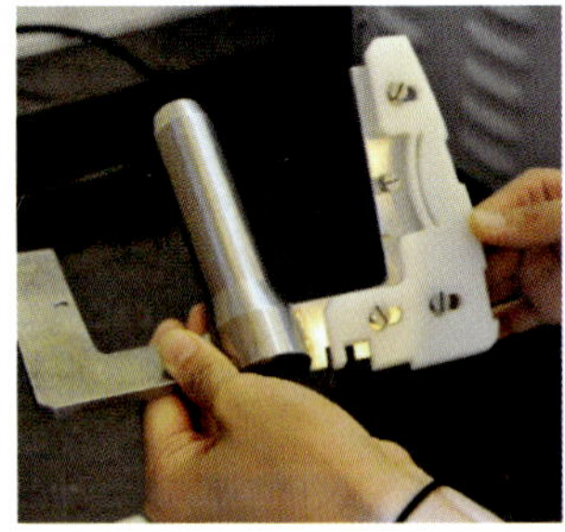

블레이드 조립

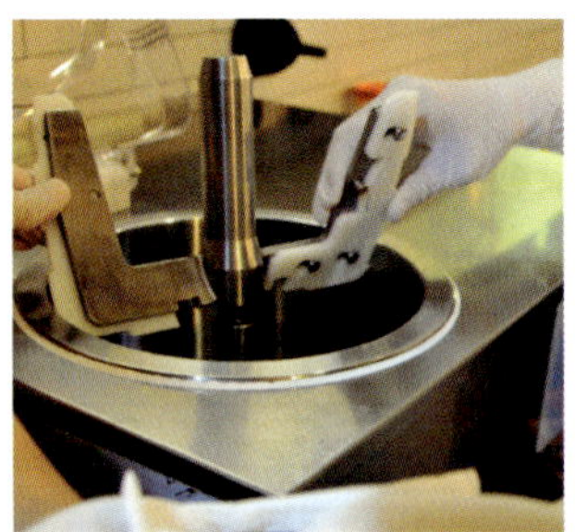

비터 조립

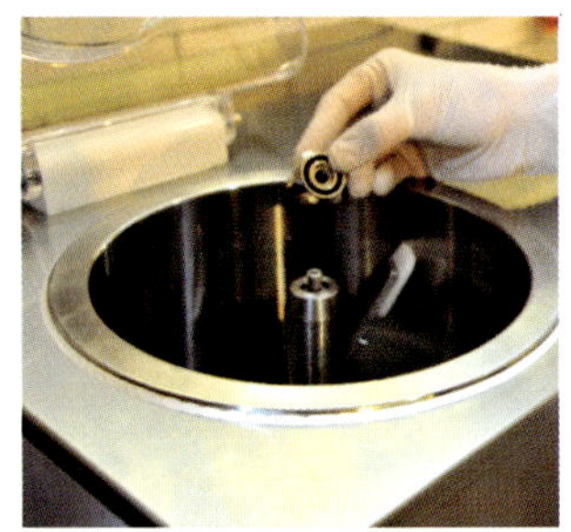

상부 캡

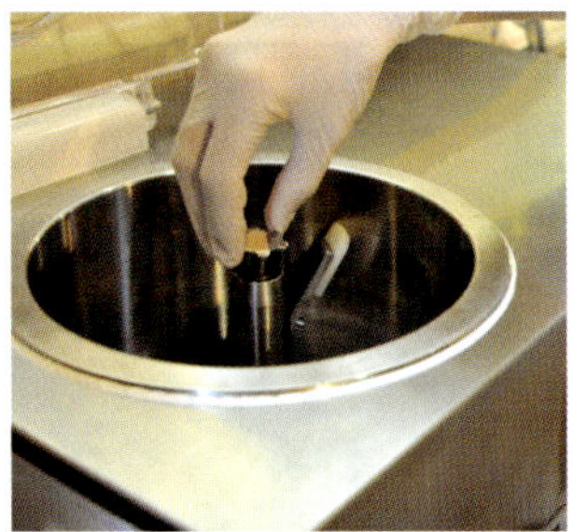

상부 캡 조립

3) 쇼케이스 관리

쇼케이스 내부의 온도가 평균 −13~15℃ 정도 유지하게 되며, 정기적인 청소가 이루어지지 않을 경우 부주의하게 관리한 후 잔류하는 젤라또의 작은 조각들이 시간이 지나면서 변성 되거나 부패하게 되어 차후 신선한 제품을 오염시키는 주원인이 된다.

따라서 제조사에서 권장하는 주 1회 이상의 청소관리 절차를 준수하여 항상 최적의 위생 상태를 유지할 수 있도록 관리되어야 한다.

세척하고, 말리고, 건조시키고 분리 보관하여 잠재적인 2차 오염을 근원적으로 차단한다.
쇼케이스 내부 바트를 분리 세척한 후, 젤라또를 진열하기 전에 쇼케이스 내부를 소독한다.

쇼케이스 전원 차단부터 바트 분리

쇼케이스 전원 차단

내부 소독

4) 기타 기물 정리 정돈

레시피 작성하기

젤라또를 만들기 위한 실제 작업에 앞서서 주요 구성 원부재료를 확인하고 준비하자.

01 베이스를 이루는 주 구성 원료

1) 설탕

가장 사용량이 많은 원부재료이며 국가별, 생산 업체별 상이한 특성을 갖고 있어 충분한 사전 확인이 필요한 원재료이다. 특히 유럽에서 생산되는 설탕에 비하여 국내 설탕의 강도가 강하기 때문에 이탈리안 레시피를 바로 적용할 경우 국내소비자의 호감을 얻을 수 없는 제품을 만드는 가장 단순한 오류를 범하게 된다.

따라서 매장의 위치나, 소비자의 선호도를 잘 분석하고 당 성분의 함량을 자유롭게 조절할 수 있는 기술을 우선적으로 습득해야 한다.

또한 설탕의 함량을 조절할 수 없게 되면 대체적으로 젤라또가 쉽게 녹아버리는 현상이 나타나게 되어 결국에는 젤라또의 풍미를 포기하고, 쇼케이스 온도를 낮추어 보관하는 방향으로 절충함으로 인해 맛있는 고유의 식감을 포기하는 가장 단순한 실수를 범하게 된다.

2) 탈지분유(MSNF)

밀크류 제품을 만들기 위한 주요 구성 성분으로
전체적인 젤라또의 무게감이나 식감을 유지하기
위하여 반드시 필요한 성분의 원부재료이다. 설
탕의 구성비율을 조정할 경우 상대적으로 MSNF
성분을 추가함으로서 전체 고형분의 밸런스를
맞출 수 있게 된다. 과일류의 경우에는 식물성
섬유소로 MSNF의 기능을 대신할 수 있다.

이탈리안 레시피를 국내에 적용할 경우 가장 문제가 되는 성분으로 설탕을 지목할 수 있다. 이태리 설탕
에 비하여 국내 설탕의 강도는 대략 10~12% 강하게 나타난다.

3) 생크림

이탈리안 레시피에서 밀크류 제품의 젤라또를 만들 때
반드시 포함되는 보조성분이지만 국내 원료를 사용할
경우 항상 그 사용목적에 대하여 한번쯤은 살펴보아야
할 성분이다. 이태리의 경우 우유의 성분이 저온 살균
과정을 거쳐 생산되는 제품을 사용하기 때문에 상대적
으로 유크림의 맛과 향이 흐리게 나타나게 된다.

따라서 전통적으로 농축된 크림을 첨가하여 유제품의 풍미를 높이고자 사용했으나 우리
나라의 경우 상대적으로 고온 살균 제품의 우유를 사용하며 이미 유크림향과 맛이 배가
되어 있어 생크림의 사용량을 효과적으로 줄여서 사용해도 최종 젤라또의 풍미에 미치
는 식감이 적다.

기타 식물성 지방류 도표

지방 성분의 종류		특 징
Coconut Oil	100%	용융점이 높아 아이스크림을 먹고 난 후에도 입안에 남게 되며, 단백질 대비 소화시간이 길다(±5 hr).
Palm Oil	100%	가격이 저렴하여 사용되지만 입안이 텁텁하고 물을 찾게 된다.

4) 포도당과 물엿

포도당은 주된 당 성분의 맛을 보정하기 위해 사용되는 단당류이며, 물엿은 맛보다는 젤라또의 최종 물성을 보정하는 목적으로 주로 사용된다. 특히 다당류인 물엿을 많이 사용하게 되면 입안에 남는 잔류감이 지속되어 깔끔한 맛의 젤라또를 만들 수 없게 되므로 사용량에 항상 주의해야 한다.

물성 보정용으로 사용되는 다당류의 경우 가능하다면
젤라또에 사용하지 않는 방향으로 레시피를 조절하는 것이 좋다.

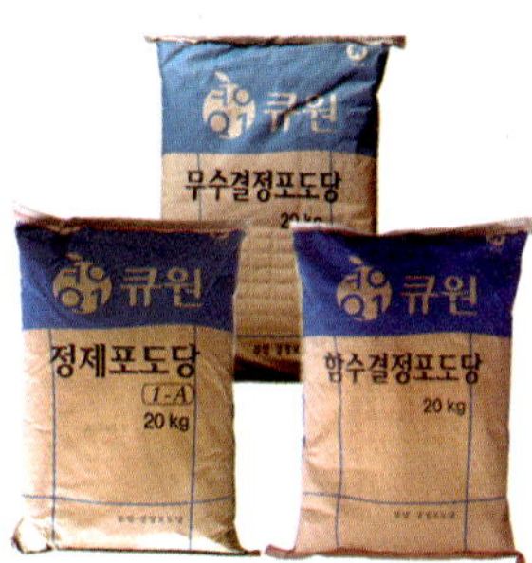

5) Base(유화제 및 안정제)

젤라또를 만드는 Gelatiere의 개인별 기술의 정도에 따라 유화제 및 안정제를 직접 소량
으로 계산하여 Base를 배합하는 경우도 있으나 이 경우 아주 오랜 경험과 숙련도를 요
구하므로 대부분의 매장에서는 기존의 보편적으로 상품화되어 있는 Base 파우더를 구
매하여 사용하는 경우가 더 많다.

소비자의 숙련도 및 생산의 편리성을 고려할 경우 주로 우유 1리터에 약 50~60g 정도
사용하는 Base 50 제품의 사용을 권장한다.

또한 개개의 매장에서 원하는 젤라또의 물성에 따라 별도로 0.5~1.0% 정도의 고농축
유화제 또는 안정제를 추가로 첨가하여 원하는 물성을 창의적으로 만들어 낼 수 있다.

> Base 50의 경우 50이라는 숫자는 레시피의 기준이 되는 액체류(우유, 물)을 기준으로 적정 권장
> 사용량이 50g이라는 표기사항이다.

6) 유화제, 안정제

유화제는 혼합된 베이스 성분의 주된 액체와의 유화 현상을 돕고 오버런의 증대 및 안정
성에 주요 기능을 나타내며, 안정제는 동결 과정 동안 생성되는 빙결정의 경화를 방지하
여 부드럽고 쫀득한 식감을 유지하도록 한다.

과일 Base 제품

Yellow Base 제품

7) 기본적인 Base 파우더의 종류

Neutro	배합비율에 따른 정확한 양 첨가 필요/전문가 및 대량생산용	
Base 50	50 gr/liter	가장 좋은 생산 결과 도출 다양한 결과물 보정 가능
Base 100	100 gr/liter	초보자에게 권장하나 식물성 Fat 첨가된 경우도 있다.
Base 150	150 gr/liter	
Base 330	330 gr/liter	손쉬운 제조 Recipe 관리 및 표준화 용이

젤라또를 만드는 작업자인 젤라띠에레의 기능 숙련도에 따라 사용할 수 있는 파우더의 종류가 다양하게 시판되고 있으며, 아주 예민한 성능의 배합을 스스로 조절할 수 있는 기능을 보유한 젤라띠에레는 Neutro와 같은 고농축 파우더를 사용할 수 있지만, 정확한 계량 및 배합이 따르지 않을 경우 최종 젤라또의 성상과 맛이 다르게 나타나는 경우가 있어 주의해야 한다.

따라서 가장 보편적으로 사용하는 베이스는 대체적으로 50 베이스를 우유제품이나, 과일제품에 사용하게 되며, 프랜차이즈나 여러 매장에서 손쉽게 동일한 맛과 품질을 표현하기 위해서, 사전에 매장 및 업체의 특성을 고려하며 특정 성분과 질감을 조절하여 배합한 150 또는 330 베이스를 사용하는 경우도 많다.

02 아이스크림을 구성하는 주요 성분에 대한 이해

아이스크림을 구성하는 주요 성분은 Sugar, Fat, MSNF(우유 고형분) 및 기타 고형분(안정제, 난황 기타 첨가물)으로 구분할 수 있으며, 제품의 특성과 동결 상태의 변화 및 쇼케이스 내에서의 Gelato 변성을 예측할 수 있는 주요 점검 지표로 사용된다.

또한 주요 성분은 국가별 시장현황, 원/부자재의 수급정도, 관련 법규, 생산 공정, 판매 경로 및 소비자의 요구에 따라 다양하게 변형 또는 가감될 수 있다.

아이스크림 종류별 주 구성 성분의 비율에 따른 아이스크림 구분(%)

구 분	FAT	MSNF	Sugar	TT. Solids
Gelato	(0) 3~8	8~11	14~24	32~42%
좋은 Gelato	6	10	17~19	33~34%
Ice-Cream	10~14	10~12	13.5~18	35~42%
Premium I.C	16~18	7~9	15~16	40~42%
Sup.Premium I.C	18~20	7~7.5	16~17	42~46%
Fruit Ice	0	0	24~30	26~34%
Sherbet	1~2	2~5	28~34	32~38%
Soft serve	4~6	11~13	14~18	30~38%
Milk shake	3.5~4.5	12~14	9~14	25~30%

Gelato를 포함한 Cold 음료 및 디저트류의 주요 조성 비율을 대략적으로 살펴본 사항이며, 제조회사 및 각각의 Gelateria에 따라 성분 구성이 다소 다르게 나타날 수 있다.

상기 도표는 전반적인 제품군에 대한 이해를 쉽게할 수 있는 기본 비교표로 사용하면 Gelato를 이해하는 데 조금은 도움이 될 것으로 판단된다.

1) Gelato의 주 구성 요소

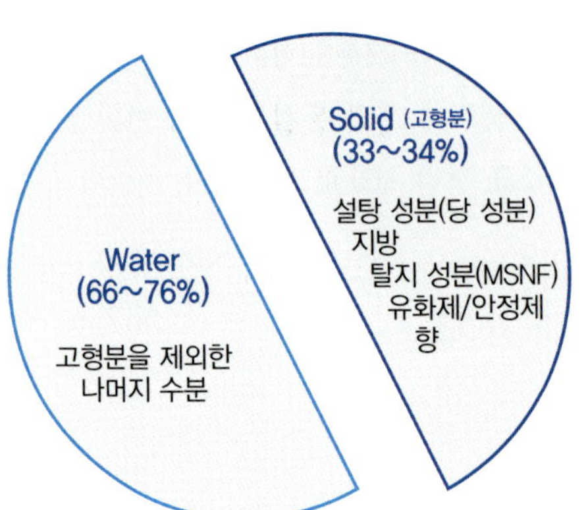

Gelato의 특성을 이해하기 위해서는 최우선적으로 배합 원료인 베이스의 주요 성분의 특성과 배합 비율을 이해해야 되며, 이 주요 성분의 배합 비율과 고형분 함량을 정확히 분석 함으로서 Gelato 제품의 동결 특성 및 향후 발생되는 모든 제품 특성 및 변화를 예측할 수 있으며, 매장의 상황에 따른 최적화된 레시피를 조율할 수 있다.

산술적으로 배합이 완료된 상태의 베이스에서 수분을 제외한 후 남게 되는 고형 성분을 Solid 또는 고형분이라고 하며, 제품에 따라 약간의 차이는 있으나, 고형분은 설탕 성분, 지방 성분, 탈지고형 성분, 유화/안정제 성분과 극소량의 향으로 이루어진다.

A) Base 주 구성 성분 분석

또한 고형분에 반대되는 수분은 원재료의 용해와 결속을 담당하게 되며 기본적인 동결 기능을 수행하게 된다. 그리고 동결 과정에서 함유되는 공기는 품질을 좌우하는 성분은 아니지만 제품의 외형 및 맛과 식감에 영향을 줄 수 있는 예민한 구성 성분이다.

배합통에 담겨진 밀크 베이스

B) 각각의 고형분이 나타내는 특징적인 현상에 대한 정의

구분		냉각 상태에서의 주요 기능
주요 구성 성분별 기능	Sugars/설탕	제품의 동결 특성에 직접적인 영향
	Fat/지방	Overrun에 대한 직접적인 영향
	MSNF/유고형분	Total solid에 대한 Balance 및 무게감
	Stabilizer/안정제	점도증진 및 빙결정 미세화 담당
	Emulsifier/유화제	유화 과정의 안정성을 통한 식감 개선
	Flavour/향	향미 증진

2) Gelato 고형분 이해 및 구성 비율

Gelato를 이해하기 위해는 필수 조건으로서 Gelato의 고형분을 반드시 이해해야 하며 각각의 고형분이 나타내는 특성 및 기준구성비와 항목별 특징을 이해하는 것이 시행착오를 극소화 해서 매장에 맞는 합리적이며 경제적인 배합비를 산출하는 지름길이 된다.

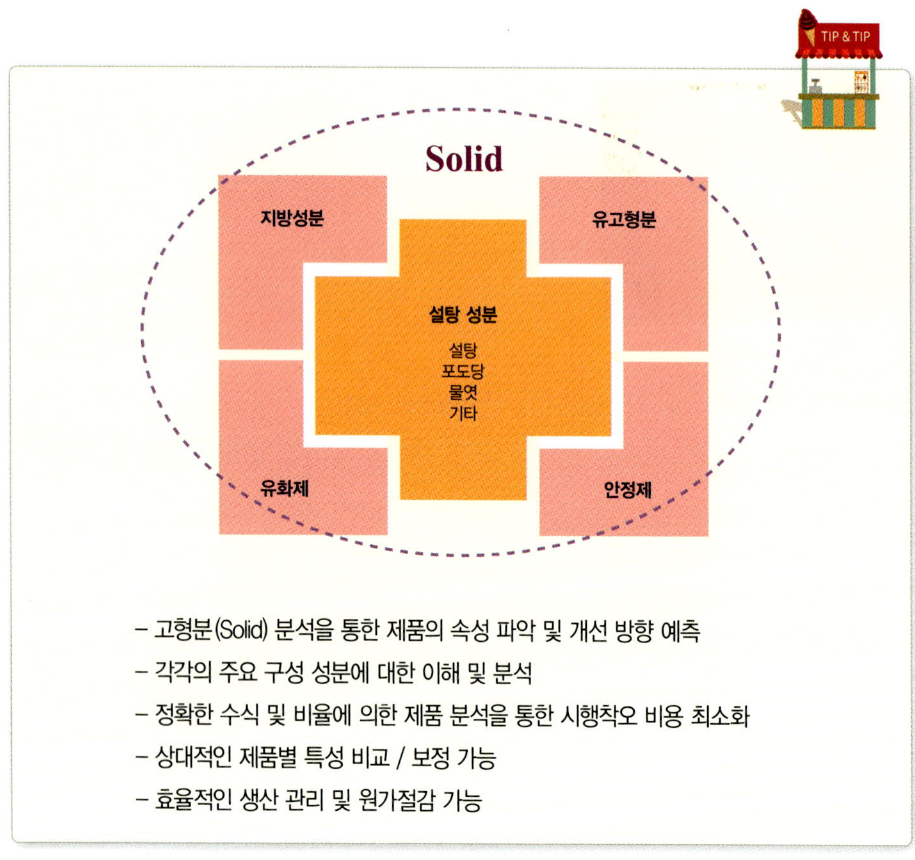

- 고형분(Solid) 분석을 통한 제품의 속성 파악 및 개선 방향 예측
- 각각의 주요 구성 성분에 대한 이해 및 분석
- 정확한 수식 및 비율에 의한 제품 분석을 통한 시행착오 비용 최소화
- 상대적인 제품별 특성 비교 / 보정 가능
- 효율적인 생산 관리 및 원가절감 가능

(A) Gelato의 동결 특성

Gelato가 제조되는 과정에서 가장 중요한 특성의 변화는 수분 및 주요 성분이 동결되는 과정으로서 순수 수분과 수분 이외의 성분이 배합되거나, 용해 되어 있는 상태나 비율에 따라 결빙이 진행되면서 굳기가 다르게 나타난다는 점이다.

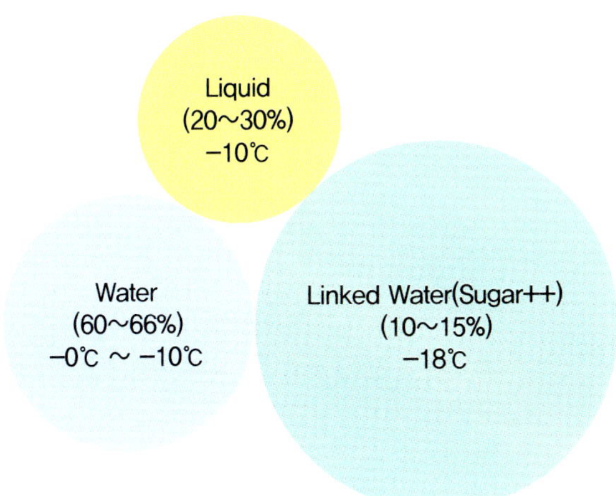

이러한 용해되어 있는 성분의 동결되어지는 과정을 통해서 표면적으로 나타나는 특성이 Gelato의 외형과 스쿱을 사용할 수 있는 점도 및 Gelato 특유의 식감을 결정하게 된다.

위 그림에 설명된 온도별 구성 성분의 동결 특성을 고려해볼 때 Gelato는 최저 −10℃ 정도에서 생산되기 때문에 상품이 만들어진 이후에는 항상 완전한 고형 형태를 이룰 수 없으며, 언제나 불완전한 반고체 형태를 이루게 된다.

따라서 이러한 동결 특성으로 인해서 Gelato는 전문적인 사전지식 없이는 다루기 쉽지 않고 매장 내에서 발생되는 모든 문제가 Gelato의 동결 특성을 충분히 이해 하지 못하는 데서 출발하게 된다.

3) 주 구성 요소별 특징에 대한 세부 설명

지금부터 Gelato를 구성하는 주요 고형분에 대해서 좀 더 자세하게 그 특성과 기능에 대해서 알아보자.

A) 지방(FAT)

Gelato의 성분 중에서 지방이 전달하는 가장 중요한 기능은 부드러움과 풍미를 증진 시키는 역할이다.

> 1) 미감을 증대시킨다.
> 2) 부드러운 질감과 풍부한 느낌을 증대시킨다.
> 3) 색상을 더욱 강하게 한다.
> 4) 아이스크림의 조직감을 개선, 향상 시킨다.
> 5) 입에 닿는 촉감을 더욱 좋게 한다.

또한 부가적인 기능을 살펴보면 다음과 같다.

> 1) 과도한 거품이 형성되어 식감을 저하시키고 Gelato의 수축 현상을 촉진시킨다.
> 2) 고열량에 따른 소비자의 선호도가 감소한다.
> 3) 상대적으로 고비용의 첨가 성분이다.

단, 지방 사용에 대한 제한적인 요인을 살펴보면,

지방이 함유된 첨가 성분

생크림, 버터, 밀크 파우더, 농축 우유, 냉동 크림, 합성 크림, 버터 유지, 식물성 유지 등(Cream은 35%의 Fat 함유)
탈지분유는 스쿠핑 효과를 개선시키고 Overrun 증가에 기여하기 때문에 Cream 대용의 저가 첨가물로 사용될 수 있지만 맛이 거칠어지는 단점이 있다.

지방(Fat)의 종류 및 함량 비교

지방 성분의 종류		특 징
Cream	35%	동물성 지방
Butter	82~84%	
Coconut Oil	100%	• 용융점이 높아 아이스크림을 먹고 난 후에도 입안에 남게 되며, 단백질 대비 소화시간이 길다(±5 hr).
Palm Oil	100%	• 가격이 저렴하여 사용되지만 입안이 텁텁하고 물을 찾게 된다.
		• 용융점이 높아 형태를 강하게 유지시킬 수 있다.
Margarine	82%	* FAT는 Overrun을 증가시키는 효과적인 성분임

수제품이라는 특징과 신선한 원재료를 사용한다는 개념의 Gelato의 경우 특별한 목적을 제외하고는 가능한 한 식물성 지방의 사용을 제한하고 있으며, 만약에 사용할 경우에는 최소한의 양을 사용해서 Gelato 특유의 식감과 질감을 유지하려 노력한다.

B) 무지 유고형분(지방외 유고형성분) MSNF

1) 미감을 증대시킨다.

2) 부드러운 느낌을 향상시키며, 조직감을 개선향상 시킨다.

3) 영양가를 높인다.

* 원유에서 지방과 수분을 제거한 후 남는 고형성분(Milk Solid Not Fat)

단, 사용상의 제한적인 요인으로는, 과도한 사용으로 인하여 거칠고 눅눅한 질감이 나타날 수 있으며 함께 첨가된 향신료의 향을 저하시킬 수 있다.

원유의 구성 성분

원유 Whole Milk	3.5%	3.5%	5%	0.5%	87.5%	Total 100%
	지방	단백질	젖당	무기물	수분	
원유중 지방을 제외한 성분 MSNF		3.5%	5%	0.5%		Total 9%
		단백질	젖당	무기물		

따라서 우유에는 무지고형 성분이 약 9%, 전체 고형성분이 평균 12.5%라는 기본적인 수식은 이해해야 한다.

원유의 전체 성분을 좀 더 세부적으로 살펴보면 다음과 같으며, Gelato 고형분 계산에서 반드시 원유의 Solid 값과 유지방의 함량을 고려해야 한다.

3.5%	FAT	세계적으로 3.5%의 Fat 함유	
5.0%	Lactose	젖 당	Milk Solid Not Fat MSNF(9%)
4.0%(3.5%)	Protein	단백질	
0.5%	Mineral & Salt		
Water(87.5%)			

주의

우유를 사용하는 Milk Base의 경우 사용하는 우유의 고형분을 정확히 이해하지 못할 경우 전체적인 Solid 값에 오차가 발생되어 추후 보정 및 Recipe 수정작업에 혼선이 발생된다.

유고형분은 Recipe 보정 및 Solid 계산에서 상당히 중요한 비중을 차지하므로 평소 소홀히 계산되어지지 않도록해야 되며, Gelateria에서 우유는 가장 중요한 원재료이므로 소홀이 관리해서는 기대하지 못한 상당히 다른 결과물을 얻게 되므로 항상 주의해야 된다.

C) 단맛(Sugar)

Gelato를 구성하는 주요 구성 요소 중에서 가장 비중 있고 중요하며, 가장 세심하게 계산해야만 되는 성분이 당 성분이며, 당 성분은 단당류의 포도당과 이당류의 설탕, 다당류의 성분까지 다양하게 사용되며, 최근에는 소아당료 및 비만 문제로 설탕류를 배제하는 움직임이 원료 회사를 중심으로 나타나고 있는 현실이다.

Gelato의 주요 핵심 성분인 당류에 대해 좀 더 세심하게 살펴보자.

Gelato에 설탕을 사용하는 주요 목적

(1) 단맛을 제공하며, 당 성분이 함유되어 동결 상태의 지연을 통한 조직감을 향상시킨다.

(2) 미감을 향상시키고, 부드러운 촉감을 증진시킨다. 또한 고형분 함량을 증가시키는 가장 저렴한 원료이며, 동결온도를 낮게 유지하는데 결정적 기여(Anti-freezing Power)를 한다.

아이스크림/Gelato에서 설탕 사용을 제한하는 요인

(1) 지방과 제조기의 도움으로 만들어진 거품(foam)을 통해서 얻어지는 부드러운 식감을 저해하게 되며, 과도한 단맛으로 인한 제품의 식감을 떨어뜨려서 상품성을 손상시킨다.

(2) 당 성분의 증가로 인한 동결 및 경화 과정이 지연된다. 이로 인하여 조직감이 손상되고 이동, 보관 및 전시 판매 기간 동안 Gelato 특유의 외형 변형을 가속화시키게 된다.

단맛의 사용

- 아이스크림의 녹는 온도 및 동결 온도 조절 목적으로도 사용 가능
- 설탕, 포도당(Dextrose), Glucose syrup, 전화당(액상), 과당(Fructose) 및 꿀을 사용
- 꿀은 오래전에 사용된 첨가제이며 현대의 Gelato에는 잘 사용하지 않음.
- 이태리 남부 지역은 상대적으로 단맛을 많이 첨가한다.(상대적으로 달다)

단맛을 내는 재료들의 상대적 당도 및 동결지수 비교

Ingredient	Type of Sugar	고형분	상대적 당도	동결 지수
Sugar(cone/beet)	Saccharose	100	100	100
Dextrose: 포도당(corn sugar)	Dextrose & Maltose(맥아당)	92	74	180
Glucose Syrup 42DE (regular conversion)		80	50	78
Fructose: 과당(고가임)	Fructose Dextrose & Fructose	100	173	180
Invert Sugar		70	125	180

첨가되는 당 성분의 종류에 따라 동결속도 및 형상의 변형 상태의 가속이 다르게 나타나게 된다. 따라서 항상 주성분인 설탕을 중심으로 포도당과 물엿의 비율을 세심하게 조율해야 하며, Displace Showcase 내에서의 Gelato 성상을 확인하고 포도당의 투입양을 세밀하게 조율 할 필요가 있다.

기본 Base상에서의 당 성분 조정에 대한 필요성이 가장 큰 요인으로 평가되며 특히, 해외에서 사용 중인 Recipe를 그대로 국내에서 적용 할 경우 당 성분의 차이로 인한 문제가 Gelato 최종제품의 맛과 물성에 큰 문제를 발생시킨다.

따라서 당 성분을 조정 변경 할 경우에는 상당히 세밀한 부분까지 고형분에 대한 분석이 사전에 이루어져야 하며, 위의 도표를 참고해서 최소 5% 내외에서 조정하는 것을 원칙으로 접근해야만 한다.

* Sweetening(sweetening power: SP): 단맛
* Lowering the freezing point(anti-freezing power: AFP): 동결능력

Gelato에 사용되는 당 성분의 종류

(1) SACCHAROSE: 일반적인 설탕류

 - Good solubility(수용성)

 - It crystallizes at very low temperatures(저온경화)

(2) DEXTROSE: 백색, 무취의 수용성 가루성분으로 설탕의 약 10~15% 대체 성분으로 사용

 - Less sweet than saccharose: 설탕대비 낮은 느낌의 당도

 - Preservative properties: 보존제의 역할 수행

 - Give the gelato a softer texture and a short structure: 제품의 부드러운 질감 구현

 - Gelato became less stringy: 끈적임 저하

(3) GLUCOSE SYRUPS

 - 탄수화물(곡물)의 변성제품이며, 손쉽게 구할 수 있는 성분임

 - 설탕을 대신해서 약 20~25% 정도 대체하여 사용한다.:

   Low sweetening power: 상대적으로 낮은 당도 구성

   Anti-crystallization function: 결정화 지연능력

   Absorb the water: 수분 흡수효과

   Good viscosity: 점도 증대효과

(4) FRUCTOSE:

 - 과일에서 추출한 당 성분으로 상대적으로 설탕보다 강한 단맛 및 동결 방지 능력

(5) INVERTED SUGAR:

 - 자연상태에서 과일이나 설탕에 존재하지만, 산업용으로 생산된다.

   Strong stabilizing properties: 수용성

   Delays oxidation of the products it is added to: 산화 방지효과

   Anti-crystallization function: 결정화 지연능력

   Highly soluble.

   Much sweeter than sugar: 상대적으로 강력한 단맛

   Ideal for use as a supplement in fruit ice creams: 과일 제품에 사용 권장

설탕의 약 300배 정도 되는 감미 성분을 가지고 있는 스테비아(Stevia)라고하는 식물에서 추출한 성분을 이용한 제품개발에 많은 업체들이 관심을 보이고 있으며, 이미 이를 상품화한 대형 원료 업체도 있다.

D) 안정제 및 유화제

안정제의 가장 중요한 기능은 아이스크림 제조과정(동결과정)동안 빙결정(Ice-Crystal)의 성장을 최대한 억제하며, 배합원료내의 잔류/초과 수분을 최대한 흡수하는 역할을 한다.

즉 다량의 수분 분자와 결합하여 빙결정의 성장을 방해함으로 아이스크림의 열(온도)변화에 따른 내 안정성을 증대 시킨다. 수분입자의 성장에 따른 서걱거리는 질감을 최소화하는 역할을 한다.

안정제의 종류

Seed gums(locust bean gum-guar gum)

Seaweed extracts(carrageenan alginates)

Cellulose derivation(CMC)

Microbial gums(xanthan gum)

Milk Base 또는 과일 Base에 사용되는 안정제의 기본 함유량은 제조 업체의 자체 배합 기술에 따라 다소 차이는 있으나 전반적으로 약 0.2~0.4% 이며, 좀 더 효과적인 결과물을 얻기 위하여 대형 제조업체에서는 다양한 형태의 혼합 비율을 적용한 안정제를 판매하고 있다.

아이스크림 제조공정 단계에서 안정제 사용이 필요한 이유는 전반적으로 배합원료의 점도를 증진(아이스크림의 형상 및 조직감을 향상)시키고, 공기의 함유 형태 및 기포의 분포를 좋게 하여, 식감을 개선시켜 준다.

또한, 제품의 저장상의 안정성을 증대 시켜, 외부온도 변화에 따른 아이스크림의 손상을 최소화한다(제품이 녹거나, 변형되는 특성을 개선하기 위한 목적).

과다한 양의 사용에 따른 부정적인 효과를 살펴보면, 비상식적으로 눅눅해지거나 둔탁한 형태의 느낌을 나타내거나, 온도 변화에 둔감한 외형적인 모양을 나타내게 된다(비정상적인 내열성).

안정제의 수분 흡수의 원리를 살펴보면, 코일 형태의 안정제 입자가 살균과정을 거치면서 풀어져 다량의 수분 입자와 결합할 준비를 하며, 냉각 및 Aging 과정이 시작되면서 코일 형태의 안정제 구조가 다량의 수분 입자를 붙잡게 되어 추가적인 빙결정 생성을 지연시킨다.

안정제는 살균 공정이 끝난 후 제기능을 발휘한다. 약 3~4시간 정도면 충분하다. 살균 공정이 부적절할 경우 재차살균 과정을 거쳐도 무방하며, Aging 과정이 불완전하게 되면 만들어진 Gelato가 쇼케이스 내에서 약 1시간 후 표면이 반짝이는 수분리 현상이 발생한다.

유화제 (Emulsifiers)

재료의 균질화 과정에서 형성된 지방입자(fat globule membrane)가 부분적으로 뭉쳐져서 유화되고, 집적화 되지 않도록 하는 역할을 담당하며, 제품의 적절한 건조상태, 부드러운 질감을 항상 유지하여 쉽게 녹지 않도록 도와주는 역할을 하게 된다.

즉, Gelato에 함유된 Fat 성분이 물과 잘 결합될 수 있도록하고, 이 유화된 지방 성분의 (약 4~6%) 분리가 늦게 진행되도록 한다.

유화제의 종류

Mono-diglycerides, polyglycerol ester, sorbitan esters, propylene glycole ester, polyoxyethenene sorbitan ester, lecitina (egg yolk)

유화제 사용이 필요한 이유

- 지방의 분포상태 개선, 지방의 결집성 및 집적상태의 적절한 조정을 해준다.
- 기포발생/함유를 용이하게 하여 보다 부드러운 질감을 유지시켜 준다.
- 제품의 수축 현상을 개선하며, 녹는 상태(내열성)를 개선시켜 준다.
- 동결과정의 건조성향를 개선하며, 유화(Oil-in-Water)특성을 개선시켜 준다.

4) 고형분 계산

모든 밀크, 과일 베이스의 레시피를 사용하기에 우선하여 전체 고형분의 함량과 설탕의 고형분을 Gelatiere는 반드시 계산할 줄 알아야 한다.

기본 레시피	사용량 gr
Milk	1000
Cream 35%	100
Sugar	180
Dextrose	25
Base 50	50
Skimmed milk powder	30
Total gr	1,385

첫째, 전체 고형분의 총량을 계산하게 되면 쇼케이스내에 같이 놓이게 되는 다른 젤라또와의 균형이 어떻게 되는지 비교하여 알 수 있으며, 둘째, 당 성분의 고형분을 계산할 수 있으면 상대적으로 젤라또의 물성이 변하게 되는 차이를 예측할 수 있게 된다.

우선 레시피의 Total Solid를 검토해보면,

약 32.6%의 전형적인 젤라또 Sold 를 갖는다.

(125 + 41 + 180 + 25 + 50 + 30) / 1,385 = 0.3256

또한 당도는

(180 + 25 + 25) / 1,385 = 0.166

약 16.6%의 당도를 나타낸다.

White Base는 가장 기본 바탕이 되는 레시피로서 추후에 Gelatiere가 원하는 맛과 향을 첨가하여 다양한 Gelato를 만들 수 있게 한다. 이러한 경우를 고려하여 위 경우에서는 Total Solid와 당도를 비교적 낮게 구성하여 준비해 두었다고 볼 수 있다.

Gelato 매장에서 가장 중요하게 고려해 두어야하는 것은, 차후에 다양하게 맛이 첨가될 경우를 고려한 White Base의 Total Solid와 당도이다.

일반적인 지방 함유량 3.5%, 우유의 전체 고형분은 12.5%이다. 평균적으로 지방함량 3.5% 탈지 성분 9%이다.

우유의 기본 고형분에 대한 이해

원유 Whole Milk	3.5%	3.5%	5%	0.5%	87.5%	Total 100%
	지방	단백질	젖당	무기물	수분	
원유중 지방을 제외한 성분 MSNF		3.5%	5%	0.5%	Total 9%	
		단백질	젖당	무기물		

원유의 전체 성분을 좀 더 세부적으로 살펴보면 다음과 같으며, Gelato 고형분 계산에서 반드시 원유의 Solid 값과 유지방의 함량을 고려해야 한다.

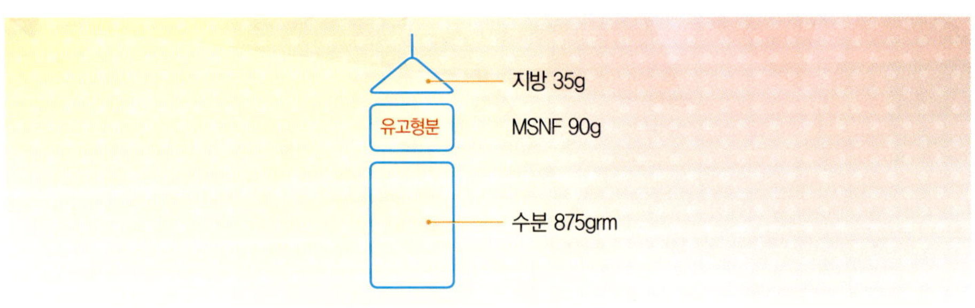

3.5%	FAT	세계적으로 3.5%의 Fat 함유	
5.0%	Lactose	젖당	Milk Solid Not Fat MSNF(9%)
4.0%(3.5%)	Protein	단백질	
0.5%	Mineral & Salt		
Water(87.5%)			

5) 이탈리안 레시피에 대한 사전 고찰의 필요성

(A) 당도에 대한 사전 고려사항

일반적으로 이탈리안 레시피를 사용할 경우 전반적으로 이태리 현지 소비자에 대한 수많은 경험을 통하여 원료성분의 배합비율이 상당히 안정적으로 배합되어 있으나, 국내에서 바로 적용하여 사용하기에는 여러 가지 선행 조건이 해결 되어야만 한다.

우선 주요 원재료의 성분과 맛이 다르기 때문에 이탈리안 레시피를 그대로 국내에 적용하기 어렵다.

첫째로 고려해야할 사항은 이태리 소비자의 기호와는 다르게 국내 소비자들은 대체적으로 당도가 낮은 젤라또를 원한다. 따라서 우선 이탈리안 레시피의 당도를 분석하여 당도를 낮추어야만 국내 소비자의 선택을 받을 수 있다. 일반적으로 이탈리안 레시피의 경우, 밀크베이스 제품은 약 19~20%, 과일류 제품의 경우는 약 20% 를 넘는 경우가 대부분이다. 또한 국내 설탕의 경우 맛과 당도의 강한 정도를 볼때 이태리 설탕과는 다소 다른 차이를 보이므로 이점을 고려해서 당도를 조정하지 않으면 많은 시행착오를 거치게 된다. 오랜 시간 국내 젤라또의 당도 부분에 대한 소비자의 의견을 종합적으로 판단해볼 때 이태리 젤라또에 비하여 약 10~15% 정도는 줄이는 게 올바른 접근 방향이라고 생각된다.

이태리 우유와 국내우유를 비교할 때 가장 큰 차이점은 국내 우유의 풍미가 다소 강하며, 또한 이탈리안 레시피는 대체적으로 생크림을 첨가해서 우유의 풍미를 증가 시키고자하는 방향으로 레시피를 구성하지만, 국내의 경우 일단 소비자의 선호도가 이태리 만큼 강한 우유의 풍미를 선호하지 않는다. 또한 매장의 상황에 따라 멸균처리된 우유를 사용할 경우 생크림을 첨가하게 되면 오히려 느끼한 맛이 입안에 잔류하는 부정적인 효과를 나타내는 경우가 있어 우유 선택에 있어 상당히 신중한 사전 검토가 필요하며, 멸균우유를 사용할 경우에는 생크림을 추가하는 문제를 신중히 고려해야 한다.

이탈리안 방식의 몇 몇 레시피를 우선 살펴보기로 하자.

(1) White Base(Fior Di Latte)

INGREDIENTS	DOSAGE gr
Milk	1,000
Cream 35%	100
Sugar	180
Dextrose	25
Milk Base	50
Skimmed milk powder	30
Total gr	1,385

(2) Hazelnut

INGREDIENTS	DOSAGE gr
White base	1,000
Hazelnut paste	90
Total gr	1,090

(3) Chocolate

INGREDIENTS	DOSAGE gr
Fresh milk	1,000
Cream 35%	100
Sugar	200
Dextrose	50
Chocolate paste	100
Total gr	1,450

(4) Tiramisu

INGREDIENTS	DOSAGE gr
White base	1,000
paste	80
Total gr	1,080

(5) Yogurt

INGREDIENTS	DOSAGE gr
White base	1,000
Yogurt	50
Topping	70
Total gr	1,120

(6) Cookies

INGREDIENTS	DOSAGE gr
White base	1,000
Paste	50
Cookie	70
Total gr	1,120

(7) Cherry

INGREDIENTS	DOSAGE gr
White base	1,000
Cherry Paste	80~100
Topping	70~80
Topping Cherry	40
Total gr	1,290~ 1,320

(8) Lemon

INGREDIENTS	DOSAGE gr
Water	1,000
Lemon paste	50
Sugar	350
Dextrose	50
Total gr	1,450

6) 고형분 계산 및 검산하기

기본 White Base가 완벽하게 준비되면, 원료 업체에서 준비된 Paste류를 이용하여 간단하게 젤라또의 Flavour를 늘려 나갈 수 있다.

White Base를 사용하여 제품을 확장한 경우 고형분 및 당도를 검산하여 제품의 안정성을 예측할 수 있다.

Milk Base

INGREDIENTS	DOSAGE gr
Milk	1,000
Cream 35%	100
Sugar	180
Dextrose	25
Milk Base 50 MB	50
Skimmed milk powder	30
Total gr	1,385

Milk Base의 고형분 계산

$$\text{Solid} = (125 + 41 + 180 + 25 + 50 + 30) / 1,385$$
$$= 0.3256$$
$$= 32.56\% \text{ (전체 고형분)}$$

$$\text{Sugar} = (180 + 25 + 25) / 1,385 = 0.1660$$
$$= 16.60\% \text{ (전체 당도)}$$

Hazelnut

INGREDIENTS	DOSAGE gr
White base	1,000
Hazelnut 14075	90
Total gr	1,090

Hazelnut 제품의 고형분 검산

$$\text{Solid} = (325.6 + 45) / 1090 = 0.34$$
$$= \text{(전체 고형분) } 34\%$$
$$\text{Sugar} = (166 + 18) / 1090 = 0.1688$$
$$= \text{(전체 당도) } 16.88\%$$

두 가지 밀크 베이스(Base) 제품의 고형분을 검산해본 결과에 따라 다음과 같은 예상을 할 수 있다.

(A) 밀크베이스의 특징 및 성상에 대한 예상

밀크베이스는 전체 고형분이 32.5%로서 전형적인 젤라또의 특성을 갖게 되며, −13℃ 정도의 쇼케이스 내부 환경에서 가장 표준적인 특성을 나타낸다.

또한 이탈리안 기준의 당도보다 약 12% 정도의 낮은 당도를 나타내고 있으며, 상대적으로 단당인 Dextrose의 비교 함량이 약간 높아서 부드러운 물성을 나타낸다.

(B) HAZELNUT 제품의 특징 및 성상에 대한 예상

기본 밀크베이스에 Hazelnut paste를 첨가 할 경우에도 고형분과 당 성분이 비례하여 증가하게 되므로 상당히 우수한 질감을 나타내게 된다.

또한 상대적으로 증가된 고형분 대비 Hazelnut Paste의 지방 성분이 추가됨으로 인하여 과도한 물성 변화는 없을 것으로 예상된다. 단, Hazelnut Paste에 포함된 고형분과 당 성분은 제조회사별로 차이가 있으므로 대략적인 예상치를 이용하여 산출하였다.

생산 준비

01 Gelato(Ice-Cream)의 기본적인 생산 Flow

Gelato를 생산하기 위한 전체적인 작업순서를 단계별로 살펴보면 다음과 같이 구분해 볼 수 있다.

1단계 : 첨가제의 선정(Ingredient selection)

생산하고자하는 원부자재의 정확한 선정, 제품별 선도 관리 및 정량의 계량 준비

2단계 : 재료의 적절한 혼합(Balanced Mix)

전체 계량 원부자재의 혼합 단계, 재료의 유화, 수화를 위한 적절한 시간 부여가 필요하다.

3단계 : 생산량 분배 계량 및 첨가제의 투입량 선정

제조기기의 생산 처리능력을 고려한 1회 Batch 생산량의 선정 및 장비의
생산 효율을 고려한 제조 순서 확인(무색제품 부터 유색제품 단계로 생산 계획)

4단계 : 살균(Pasteurizing)

우유를 사용하는 Milk Base는 제품의 균질화 및 유화 안정제의 효율 증대를 위해
살균 과정을 거치게 되며, 과일과 같은 제품은 본 과정이 필수 작업 단계는 아니지만,
제품의 질감을 증진하기 위해서는 첨가 되는 Paste를 제외한 기본 액상 Base를
살균해서 사용하는 경우도 있다.

5단계 : 숙성(Ageing)

주로 Milk Base의 유화 안정화를 목적으로, 살균 냉각 단계 이후 일정시간의
숙성 시간을 부여하는게 제품의 품질 향상에는 도움이 된다.

6단계 : 생산(Batch Freezing)

제조기기별 생산량 확인 및 Topping, Variegatto 등 작업 순서에 따른 준비
제품 생산(Btach Freezer)

7단계 : 경화 / 보관(Hardening / Storage)

Blast Freezer를 이용한 제품의 외부 경화 및 보관

8단계 : 판매(Display)

Display Showcase 내에서의 제품 배열 및 소분 판매

02 레시피 선택(밀크베이스 제품)

가장 기본이 되는 White Base를 선정하고 단계적으로 Base를 만들어보자.

1) 레시피 선택

기본 베이스 선정 및 추가 Flavor 선정

INGREDIENTS	DOSAGE gr
Milk	1,000
Cream 35%	100
Sugar	180
Dextrose	25
Milk Base 50	50
Skimmed milk powder	30
Total gr	1,385

INGREDIENTS	DOSAGE gr
White base	1,000
Hazelnut paste	90
Total gr	1,090

2) 재료의 계량

원부재료 계량 과정

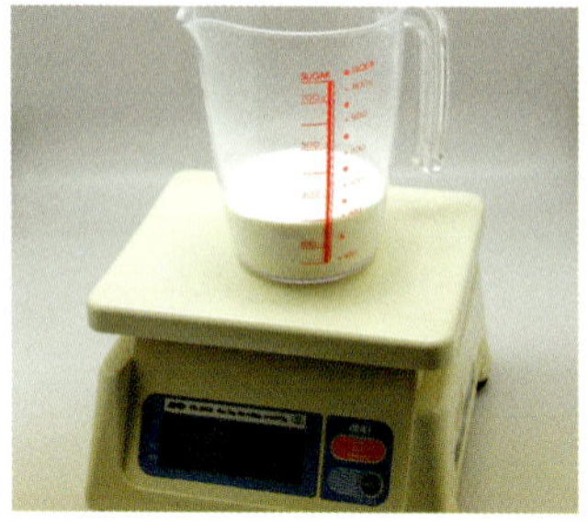

설탕 계량 Dextrose 계량

탈지 계량

우유 1리터 첨가

생크림

믹싱(1차 혼합) 우유 추가 혼합

원재료 준비

파우더, 우유, 생크림, 페이스트, 배합통, 믹서기, 저울 등

농축 페이스트

유크림

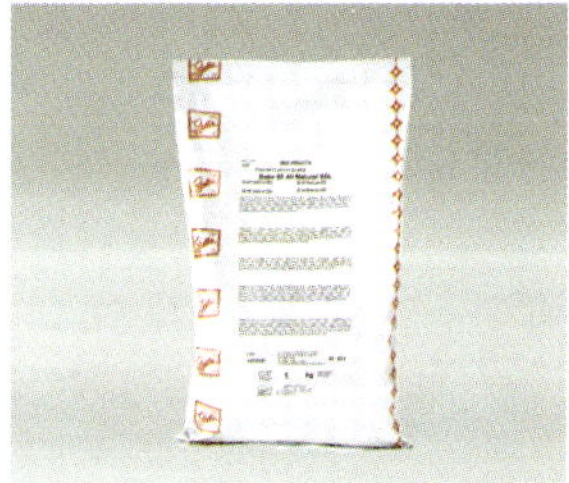
기본 베이스 파우더

3) 재료의 배합 및 준비

페이스트 첨가

혼합

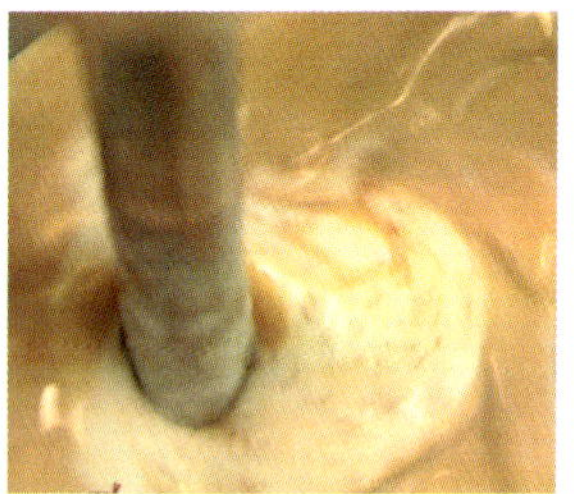
블렌더 사용 혼합

이제 밀크류 제품의 젤라또를 만들 모든 준비가 끝났다.

혼합된 원부재료를 살균처리하지 않을 경우 혼합 Base의 위생적인 처리와 보관이 확보된다면, 냉장고에서 약 10~20분 정도 균질화 과정을 거쳐 바로 사용할 수도 있다.

가장 기본이 되는 Water Base를 선정하고 단계적으로 Base를 만들어보자.

레시피 선택

기본 베이스 선정 및 추가 Flavor 선정

INGREDIENTS	DOSAGE gr
물	1,000
생과일	100
Sugar	180
Soffice	25
슈퍼젤 믹스	50
섬유소(fiber)	30
Total gr	1,385

INGREDIENTS	DOSAGE gr
워터 base	1,000
생과일	90
Total gr	1,090

젤라또 만들기

01 Easy Best 기기 사용

1) 밀크베이스

밀크베이스 제품

Fior di Latte

Cookie

Yanila

Choco

2) 과일베이스

과일베이스 제품

Fragola

Mango

Pompelmo Rosa

Blueberry

 젤라또 만들기: 대형 기계를 이용한 젤라또 만들기

1) 살균기 및 제조기(Batch Freezer) 확인 및 준비

전문 젤라또 매장에서는 살균기와 제조기를 같이 운영하는 것을 원칙으로 한다. 또한 협소한 제조 공간 및 제품의 생산 속도를 고려할 경우 살균과 제조를 동시에 할 수 있는 복합형기기를 사용하며, 다양한 맛의 제품, 상품의 빠른 교체가 가능하여 중소형 전문 매장에서 선호하는 기종이다.

이에 반하여 전문적인 살균기기를 설치하여 사용하는 경우에는 상대적으로 동일한 또는 유사한 제품군을 빠르게 많이 만들어내는 매장의 경우 별도의 살균기를 준비하여 사용한다.

그리고 소형 매장이나, 커피숍 같은 매장에서 복합메뉴를 위하여 젤라또기기를 사용하는 경우에는 충분한 사전 교육을 통한 위생적인 관리가 확보될 경우를 전제로 살균기 없이 제조기만 사용하여 젤라또를 만들 수 있다.

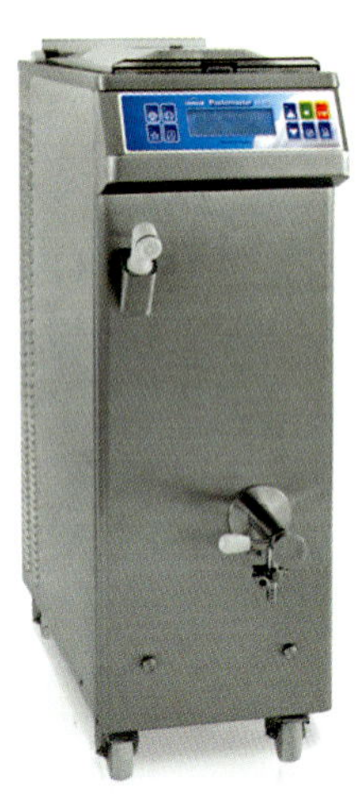

2) 원재료 계량 및 배합

사전에 준비된 레시피에 따라 원재료를 계량하고 배합용기에 계량된 원재료를 넣고 고속회전하는 핸드 블랜더를 사용하여 모든 원재료를 배합한다.

단, 살균기를 운영하는 경우에는 배합된 파우더류의 원재료를 미리 준비하고 살균기 내에 우유나 물(기본 액상 원료)을 먼저 넣은 후에 가루 원료를 순차적으로 투입한다.

이 경우에는 사전에 배합된 가루 원료가 액상 원재료와 섞이면서 덩어리 형태의 뭉침 현상이 일어나지 않도록 주의해야 한다.

 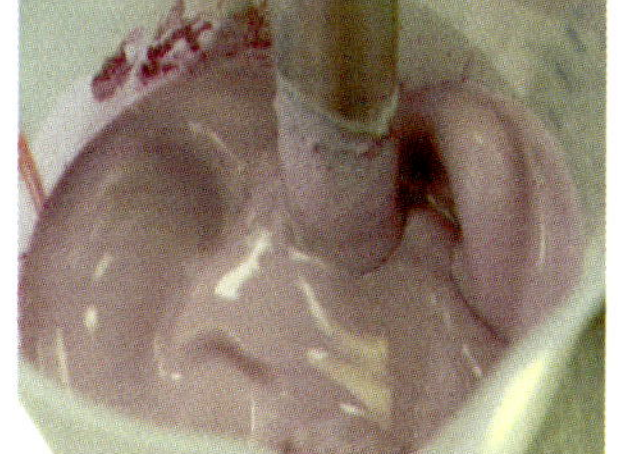 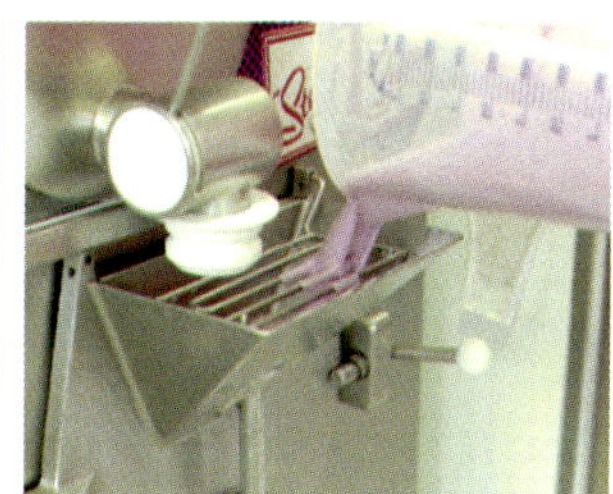

파우더 혼합   블랜더 사용 혼합   제조기 투입

살균기를 사용하지 않는 경우나 배치 형태의 제조기를 바로 사용 할 경우에는 액체 원재료(우유, 물)와 혼합하는 과정에서 가능한 한 강력한 핸드 블랜더를 사용하여 원재료 섞임 이 충분하도록 작업한다.

특히 우유와 같은 지방이 포함된 성분이 블랜더를 통해서 곱게 분쇄 된다. 즉 소량 첨가된 유화, 안정제 성분의 역할을 극대화하고 최종 젤라또의 식감을 높이기 위함이다.

3) 생산용 1차 베이스 계량

살균기를 사용하는 경우, 미리 2시간 이상 가열 및 숙성된 원료 베이스를 소분하여 원하는 양 만큼 계량 소분한다.

또한 숙성기를 사용하지 않는 경우에는 사전에 계량된 파우더와 액상을 섞어서 냉장고에 최소 30분 이상 숙성할 수 있는 시간을 준 베이스를 사용하는 것이 품질과 식감을 좋게하는 한 방법이다.

4) 페이스트(Flavor) 혼합하기

젤라또의 종류 중 한축을 이루고 있는 밀크류 제품을 제조하는 가장 기본적인 배합순서는 사전에 미리 살균처리되어 준비한 화이트베이스(우유의 색상으로 인하여 화이트베이스, 또는 밀크베이스라고 함)를 일정량 계량하여 믹싱 용기에 준비한 후 원하는 여러 종류의 맛을 결정하는 농축 페이스트를 권장량에 따라 소분하여 섞어준다.

기본적인 원재료의 성분을 최대한 향미를 보전하면서 젤라또 베이스와 혼합되어 풍미를 만들어내는 농축 원료를 페이스트라고 한다. 페이스트는 보통 밀크베이스에 약 3~10% 정도로 혼합한다.

페이스트

5) 베이스 넣기

충분히 배합이된 베이스를 제조기에 부어 넣는다. 이 과정에서 믹싱용기 내부에 남아 있는 원료는 가능한 한 깨끗하게 긁어서 넣어주어야 한다. 이때 고무로 되어있는 스페튤라를 사용한다.

우선 내용물을 깨끗하게 닦아서 넣어주는 목적은 원료를 아끼고자하는 이유도 있지만 배합과정에서 혹시나 섞이지 않고 분리되어 있을지 모르는 주요 성분이 빠짐없이 포함되도록 하기 위함이 더 크다.

또한 보관하는 과정에서 일부 섞이지 않은 침전물로 인하여 최종 젤라또의 성상이 다르게 나타날 수 있기 때문에 반드시 깨끗하게 제조기에 넣어 주어야 하며, 특히 레시피 개발을 위하여 시험 생산을 하는 경우에는 더욱더 세심한 주의가 필요하다.

배합 과정에서 고속 블랜더를 사용하는 이유는 각각의 원재료의 성분의 입자 크기를 최소화로 균일하게 쪼개어 그성분의 균일한 결합 효과를 기대하기 위함이다.

산업용으로 생산된 아이스크림의 경우 지방의 함량이 상대적으로 높게 함유되어 있으면서도 입안에서의 식감이 부드러운 이유는 지방 및 다른 성분의 입자를 최대한 고압으로 분쇄하는 과정을 거치기 때문이며, 수작업으로 생산하는 젤라또의 경우에는 수동식 소형 블랜더에 의존할 수밖에 없기 때문에 이 혼합 과정이 제품의 부드러운 식감을 좌우하는 중요한 과정이 된다.

이태리에서는 분쇄능력이 큰 대용량의 블랜더를 사용하는 매장이 많으며, 3,000 RPM 이상의 고속으로 원료를 섞어주는 고가의 전문 배합기기를 사용하는 매장도 늘어나고 있다.

6) 제조기 작동 및 급속동결기 확인

배합원료를 제조기에 넣은 후에는 제조기의 설정값을 확인한 후 기기를 작동시킨다. 또한 급속동결기를 사용하는 경우에는 급속동결기의 상태를 사전에 확인하며, 나중에 사용할 바트를 냉동기 내에 미리 넣어두어 바트가 충분히 냉각될 수 있도록 한다.

평균적으로 대형 장비의 경우 밀크베이스 제조시간은 10~12분 정도이며, 과일베이스는 약 8~10분 정도 소요된다. 또한 중저가 장비의 경우에는 밀크베이스 제품은 약 15~18분 정도 소요되며, 상대적으로 고형분 함량이 낮은 과일베이스의 경우에는 약 12~15분 정도 소요된다.

급속동결기의 내부 온도는 약 −32℃ 이하의 상태를 유지해야 냉각 효율을 극대화할 수 있으며, 방금 만들어진 젤라또의 외부 표면 및 내부 물성의 급속한 변성을 막아줄 수 있다.

급속 동결기는 문을 자주 열게되면 내부에 냉각된 공기를 잃어버리게 되어 원하는 시간 내에 충분한 급속 냉동 효과를 얻을 수 없게된다. 따라서 제조사별로 문을 열고 닫은 후에 일정시간(1~2분) 동안 문이 열리지 못하게 하는 잠금 기능을 갖춘 장비도 있다.

Blast Freezer(급속동결기)

원재료 성분의 동결 특성을 고려할 때 Batch Freezer를 통해 생산된 Gelato의 온도는 약 −5.5℃ ~ −10℃ 정도이므로, Batch Freezer에서 바로 생산된 Gelato는 주변 작업장의 온도를 고려할 때 신속하게 녹기 시작한다.

따라서 다양한 모양내기를 통해 Display Pan 위에 놓여진 Gelato의 변형을 방지하기 위해서 모양내기 이후에 신속하게 급속 동결 과정을 거쳐야 외형 및 불안정한 Gelato의 온도 상태를 최대한 보완할 수 있다.

이 경우 사용하는 기기를 Blast Chiller, Quick Freezer 또는 급속동결기라고 한다.

7) 추출 및 바트 담기 모양내기

제조기에서 설정된 시간이 경과하게 되면 알람이 울려서 추출 준비가 되었음을 알려준다. 급속동결기 사전에 충분히 냉각시켜둔 바트를 꺼내서 젤라또를 바트에 담을 준비를 한다. 이 경우에는 딱딱한 재질의 스페튤라를 사용하게 된다.

상황에 따라 스쿱을 직접사용하는 젤라띠에레도 있으며, 각자의 숙련도에 따라 적절한 기구를 사용할 수 있다. 제조기에서 내용물을 바트에 모두 담게 되면, 별도의 작업 테이블로 옮겨서 2차 데코레이션 작업을 하게된다. 이때에는 바트 밑에 단열 작용을 할 수 있는 무언가를 밑에 두고 작업을 하는 것이 편리하다.

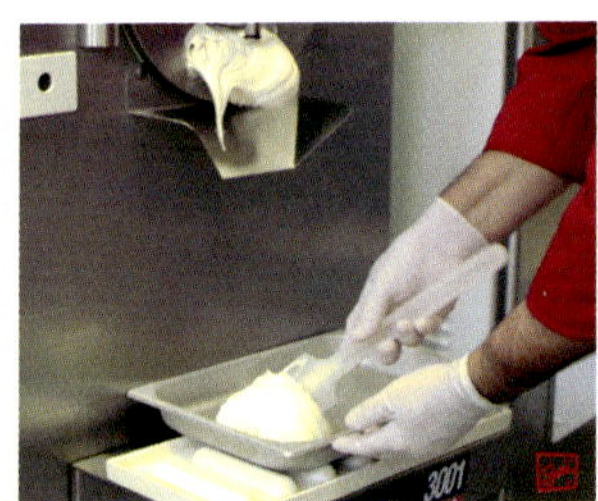  

바트를 급속동결기에 미리 냉각시키거나, 2차 데코레이션 작업을 할 때에도 바트 하부에 냉각상태를 지속 시키기 위해 단열처리를 하는 목적은 완성된 젤라또는 충분한 점성을 갖게되어 바트 밑부분이 충분히 차가운상태가 되어 있지 않게되면 하나의 덩어리 형태로 쌓아 올려진 젤라또가 이리저리 움직이게 되어 모양내기 작업을 할 수 없게되며, 바트 밑부분에 녹아 내린 젤라또가 고이게 되어 상품성을 떨어뜨리게 되며, 맛과 물성도 변하게 된다.

따라서 숙련된 기술보다는 빠른 손놀림이 필요한 작업으로 많은 시간과 숙달이 필요한 부분이다.

2차 데코레이션 작업이 마무리되면, 쇼케이스에 진열하여 판매를 시작할 수도 있으나, 짧은 데코레이션 작업 시간동안 쌓아 올린 젤라또의 내부에서는 온도 상승으로 인한 물성의 변화가 시작되고 외부 표면 또한 미세한 물성의 변화가 일어날 수 있기 때문에 잠시동안 급속 동결기에 넣어서 외부에 충분한 냉기를 접촉시켜 더 이상의 물성 변화가 일어나지 않도록 한 후에 쇼케이스로 옮기는 방법이 가장 좋은 방법이다.

급속 동결기 내에 보관하는 기간은 약 5~8분 정도이며, 그 이상 넣어 두게 되면 오히려 물성이 딱딱해져서 판매하는 데 어려움이 생길 수 있다.

그림에서와 같이 2차 데코레이션 후에 쇼케이스 진열을 위하여 젤라또 외부에 다양한 토핑이나 견과류, 과일 등으로 장식하여 소비자의 만족감을 높일 수 있다. (3차 데코레이션)

단, 생과일을 사용하여 장식을 할 경우에는 쇼케이스 온도가 평균 −13~−15℃ 정도이므로 시간이 오래 경과 할수록 생과일 특유의 신선함과 색상이 파괴될 수 있으므로 주의해야 하며, 당절임 처리를 하지 않은 생과일을 소비자에게 전달 할 경우에 과도한 냉각상태로 인하여 치아 손상을 가져 올 수 있으므로 세심한 주의가 필요하다.

당절임

생과일이나 견과류 등을 쇼케이스 내 데코한 후 젤라또와 같이 소비자에게 전달할 목적으로 사용한다면, 사전에 반드시 설탕 또는 포도당류와 같이 절임을 한 후에 사용해야 한다.

스페튤라를 이용하여 바트에 젤라또 담기

제조장비
소개 및 운영

01 살균기 운영

연속작업의 효율성 및 소품종 대량생산을 위한 생산성을 높이기 위하여 일정량의 BASE(60,120리터)를 사전에 살균 처리하여 작업 전에 준비되도록 별도 살균기를 운영하기도 한다.

또한 과일베이스의 경우에도 일정한 배합 비율의 베이스를 살균처리하여 준비한 후 일정량씩 소분하여 생과일을 혼합하여 젤라또를 만드는 방법으로 살균기를 운영하기도 한다.

살균기

1) 혼합 재료(Base)의 살균

작업 단계에서 준비된 재료를 살균하는 과정을 좀 더 자세히 설명하자면, 여러 가지 성분의 재료를 섞어서 준비한 Base의 살균처리는 사전에 설정된 온도까지 가장 빠르게 열을 주어 가열한 후 최단시간 내에 보관 온도인 4℃ 전후로 냉각시키는 것이 가장 중요하며, 이 작업 단계에서 가장 주의해야 될 내용은 살균처리된 Base가 외부 공기와 접촉되어 2차적인 오염이 발생되지 않도록 외부 접촉을 최대한 방지해야 된다.

Base의 살균 목적은 표면적으로는 원재료 내부 성분의 유화, 수화 현상을 통한 이태리 Gelato 특유의 찰지고 점성이 높은 식감을 나타내기 위한 과정이지만, 궁극적으로는 소비자에게 전달되는 최종제품의 살균을 통한 위생적인 안정성 확보에 있다.

따라서, Pasteurization후 원료의 상태를 살펴보면,

- 원재료내의 혹시나 존재할 수도 있는 병원균이 충분하게 제거된 상태
- 혼합된 재료내의 원료 및 첨가제가 충분히, 골고루 섞인 상태
- 맛과 풍미가 더 나아진 상태, Milk Base 경우 좀 더 진한 우유의 향이 증대된다.
- 재료 품질의 균일화 및 생산원료 성분의 일관성을 유지하게 되어 차후 제조기에서
  생산된 Gelato의 일정한 품질 및 온도 특성을 나타내게 된다.

살균 온도 및 소요시간: 사용장비의 차이는 있으나, 평균적으로 약 120분 정도 소요된다.

- 최대 살균 온도 : 약 +85℃
- 살균 작업 단계

  상온 ~ 40℃ : 고형 성분의 첨가제 투입(설탕, 포도당 및 기타 첨가물)

  65℃ 통과 80℃ 이상 가열 계속

  85℃ 정도에서 냉각 시작

  50℃ 에서 생크림 투입

- 시중에 판매 되는 멸균 제품은 가열전에 투입해도 특별한 차이는 없다.
- 50℃ 에서 부터는 원료 내부와 외부 공기가 접촉되지 않아야 한다.

  4℃ 이하로 급속 냉각 및 보관(Aging) 시작

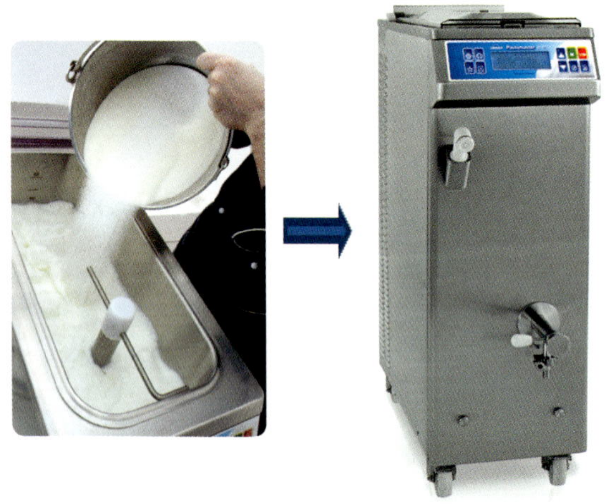

Pasteurization Process: Mixing 재료의 살균과정

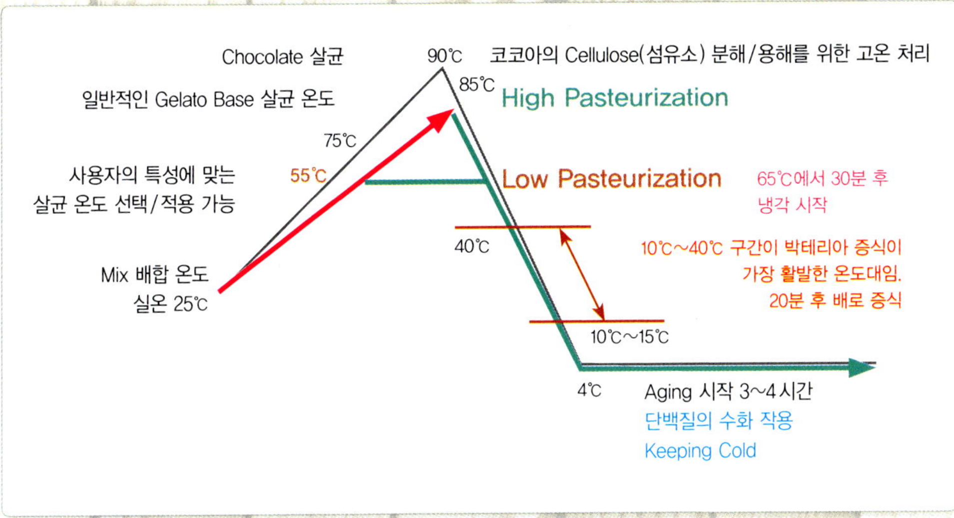

위생적으로 High/Low Pasteurization은 같은 의미를 갖지만 작업장/작업자의 업무 특성상 보다 안전한 High Pasteurization을 권장함.

- 달걀이 사용된 Base: 반드시 High Pasteurization
- Cream류: Low Pasteurization 가능

생산 과정에서의 추가적인 오염 문제에 주의 필요

살균 과정을 거친 Base를 숙성기에 보관하는 가장 주된 목적은 생산성 향상 및 균질화에 있다. 살균처리된 Base를 최적의 온도로 유지 보관할 수 있으며, 원재료의 분리 현상을 방지하고 항상 일정한 온도를 유지하여 제조기에서 바로 사용할 수 있도록 준비한다.

또한 살균기의 열처리 과정에서 혼입된 공기의 양을 안정시켜 과도한 오버런을 방지할 수 있으며, 초기 제조기에 들어가는 Base의 온도를 낮게 유지함으로써 제조기의 초기 냉각 부하를 줄여 생산성을 향상시켜 준다.

매장의 pick time에 항상 White Base가 준비되어 빠르게 소비자의 요구에 응대할 수 있다. 국내 여건을 고려 한다면 약 30평 이상의 젤라또 전문 매장이 아닐 경우 장비 적용에 다소 신중한 검토가 필요하다.

특히 Milk Base의 경우 배합재료의 숙성을 통해서 충분한 점성을 확보하게 되며 살균 과정이 완료된 이후 3~4시간 정도가 지나게 되면 최상의 상태에 이르게 된다.

매장의 생산 계획에 따라 숙성 시간이 길어지게 되는 경우도 종종 발생하지만 숙성기 내에 Base 원료를 보관하는 최대 관리시간을 72시간 이내에서 사용하는 것이 대체적으로 최상의 품질을 유지하는 관리 방안이다.

03 제조기 운영

원료 Base의 혼합, 살균 및 숙성의 적절한 처리과정이 끝나고 아이스크림이 되기 위해 동결 과정을 거치게 되면, 비로서 Gelato를 생산하게 되며, 이 과정을 담당하는 기계를 Batch Freezer라 하며, 대량 생산방식이나, 터키 방식의 돈두르마(Dondurma)의 경우에는 연속시 Freezer를 사용하기도 한다(공장 생산의 경우).

이 동결 생산 과정은 제품의 품질, 풍미 및 수율를 좌우하는 가장 중요한 단계이며, 이 과정은 혼합재료에 함유된 수분을 결빙시키는 작업으로서 숙성단계에서 준비된 Base의 온도를 더 낮추어 Gelato를 만들게 된다. 동결과정에 영향을 주는 주요 성분은 설탕, 소금, 유지방 및 유단백 등이며, 원부재료의 동결 특성에 따라 최종 제품의 성상 및 동결특성을 나타내게 된다.

또한 Freezer 내부에서 동결 현상과 동결된 Base의 혼합 과정이 저온 상태의 제조기 실린더 내부에서 이루어지면서 공기와 기포가 함유되며, 약 $-5.5℃ \sim -10℃$ 범위에서 Gelato가 완성된다. Batch Freezer의 형태에 따라 수직형 실린더 방식과 수평형 실린더 방식이 있으며, 수평형 실린더 방식의 제조기가 수직형에 비해 자연적으로 일정한 비율의 Overrun을 제품에 함유시킨다.

1) 제조기 소개

(A) Batch Freezer의 기능별 구분

Gelato를 제조하는 제조기를 대체적으로 Batch Freezer라고 하며, 기기의 구성 특징상 수직형 실린더 방식과 수평형 실린더 방식이 사용되고 있다.

수직형 Batch Freezer

원료를 냉각시키는 실린더의 구조가 수직형이며, 실린더가 기기의 본체와 일체형으로 제작된 경우와 그림에서 처럼 실린더가 회전하는 방식으로 제작된 제조기가 있다. 수직형 제조기의 특징은 전통적으로 Overrun이 낮고 Gelato의 점성이 높은 제품을 만들 수 있으며, 오래전부터 수작업으로 만들어오던 Gelato의 느낌을 현대적인 기술로 재현한 기기이다. 다만 상대적으로 수평형 Batch Freezer 보다, 청소 및 수율 관리가 다소 불편하다.

그러나 Display Showcase의 화려함보다 Gelato 특유의 질감과 매장의 전통을 중시하는 경우 수직형 Batch Freezer를 선호하게 된다.

수평형 Batch Freezer

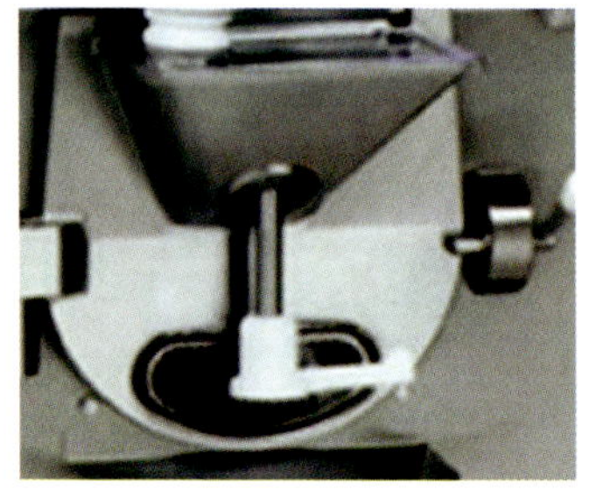

원료를 냉각시키는 실린더의 구조가 수평형이며, 상대적으로 생산, 관리 및 수율 관리가 편리해서 많은 매장에서 사용되고 있다. 기기적인 구조 특성상 자연적으로 Overrun이 약 20~30% 정도 함유되어 초보자도 쉽게 Gelato를 제조 생산할 수 있도록 초기 신뢰성을 주는 기종이다.

수평형 Batch Freezer의 특성은 원료의 투입 및 배출이 용이하며, 분해 청소가 상대적으로 편리한 장점이 있다. 우수한 기술력을 보유한 몇몇 유명한 업체에서는 실린더 내부의 동결 작업과정 동안 원재료의 동결 상태를 전자적으로 점검할 수 있는 기술을 적용해서 소비자가 최종적으로 원하는 동결 점도를 100분율 단위로 가감할 수 있는 조작 편리성을 부여한 현대식 기기를 생산하고 있으며, 살균장치를 일체형으로 제작해서 소형 매장이나 빠른 제품의 호환 및 생산 속도를 높이는 기종도 제작 판매하고 있다.

(B) 제조회사별 특징 소개

Easy best 기기

모델명	규격(mm)	무게	전기사양	소비전력
IC3	552*498*412	75kg	220V/60Hz/1Ph	1kW

Bravo 기계

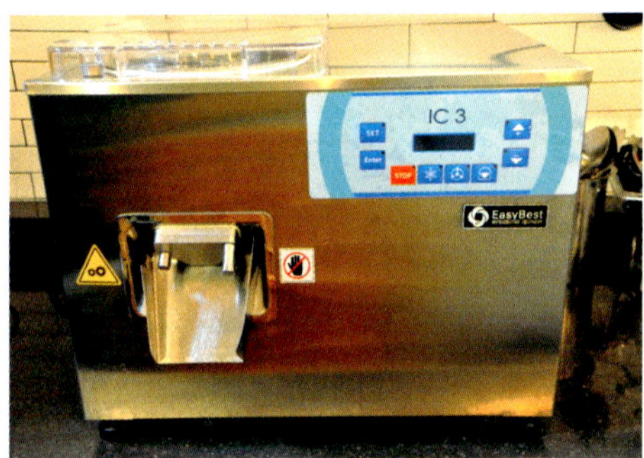

TECHNICAL FEATURES

MODEL		122 water	122 air	183 water	183 air	305 water	305 air+ water	457 water	457 air+ water	610 water	610 air remote+ water	1015 water	1015 air remote+ water	1020 water	1020 air remote+ water
Production for cycle	Lt	2.5	2.5	3	3	6	5	8,3	8,3	10	10	15	15	20	20
Average hourly production (1)	Lt/h	8/12	8/12	12/18	12/18	20/30	20/30	30/50	30/50	40/60	40/60	60/90	60/90	75/120	75/120
Voltage (2)	Volt/ Hz/Ph	230/50/1	230/50/1	400/50/3	400/50/3	400/50/3	400/50/3	400/50/3	400/50/3	400/50/3	400/50/3	400/50/3	400/50/3	400/50/3	400/50/3
Power	kW(4)	3.2	3.3	5.3	5.4	5.8	5.9	6.3	6.5	9	9.2	11.2	11.5	17.3	17.6
Width (A)	cm	36	36	50	50	51	51	51	61	61	61	61	61	61	61
Depth (B)	cm	68	68	79	79	80	80+#	95	95	95	95	100	100	115	115
Depth (C)	cm	-	-	-	-	87.5	87,5+#	102.5	102.5	102.5	102.5	107.5	107.5	122.5	122.5
Height (H)	cm	70	70	78	78	140	140	140	140	141	141	141	141	144	144
Weight (3)	kg	93	-	122	-	256	-	309	-	346	-	391	-	510	-

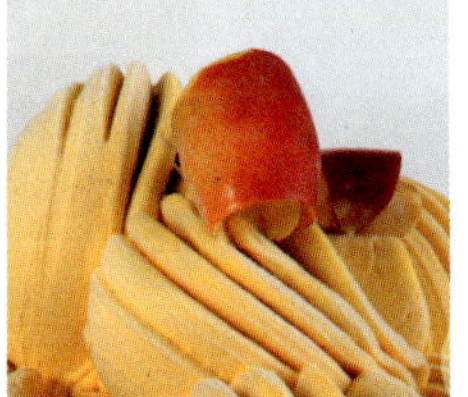

2) 쇼케이스 소개

EASYBEST Showcase

여러 복잡한 과정을 지나 맛있게 만들어진 Gelato를 최종적으로 소비자에게 느낌을 전달하는 중요한 기기가 Display Showcase 이며, 일반적인 냉장, 냉동 Showcase와 다르게 Gelato 전용 Display Showcase는 Gelato의 특성을 보완하기 위한 구조로 되어 있다.

모델명	규격(mm)	무게	전기사양	소비전력
Energy 10	1040*880*1300	220kg	220V/60Hz/1Ph	1150W

Gelato용 Display Showcase

Gelato를 저온의 냉각된 공기로 감싸주는 역할이 가장 중요한 기능이며, 빠른 공기흐름은 Gelato 표면의 건조 현상을 가속시켜 제품의 질감을 저하시키는 원인이 된다.

따라서 Showcase를 선택할 때 일반적인 경우의 소비자들이 이러한 점을 쉽게 생각하게 되면 최종 제품 관리에 어려움이 발생되는 경우가 종종 발생한다.

제품의 외관과 모양을 중시하기보다 Gelato의 질감을 중요시하는 경우 외부 노출형 Showcase가 아닌 원통형의 밀폐형 Showcase를 사용하는 Gelateria가 종종 있다. 제품의 품질에 자신이 있고 제품의 온도와 질감을 우선시하는 매장에서 채택하여 사용하기도 한다.

easy beat 쇼케이스

3) 생산 및 Diaply 운영관리 개념

Gelato의 생산 및 보관 단계별 점검 확인사항

매장의 규모나 보유 장비의 기능에 따라 급속동결기를 이용하는 것이 가장 우수한 Display 품질을 유지할 수는 있지만, 이러한 전문 장비가 준비되지 않은 매장에서는 가능한 한 저온의 냉동고에서 일정시간 외부 형태가 고착되는 시간을 거치는 제품이 형태 변형 및 수축과 빙결정 과대 생성을 방지할 수 있다.

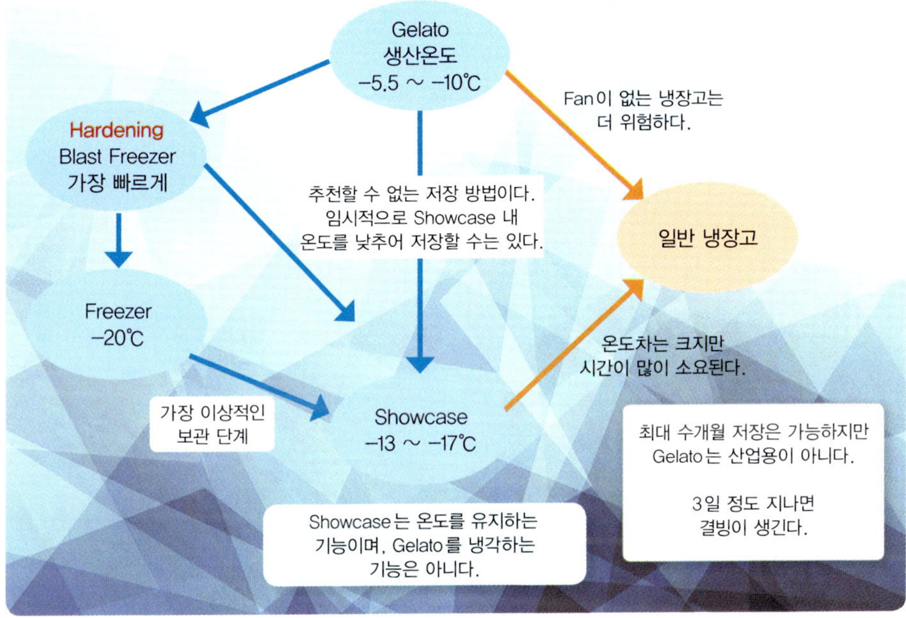

데코레이션

1차 데코레이션

젤라또 제조기에서 제조가 완료된 상태에서 배출되는 모양을 이용하여 바트로 바로 옮겨서 추가적인 모양내기 없이 쇼케이스에 진열하는 경우 제조기에서 충분한 제조시간과 젤라또의 경도가 만들어지므로 기초적인 작업 숙련도 만으로도 바트에 젤라또를 담아 진열할 수 있다.

1차 데코레이션 작업 과정

기본 밀크베이스 제품의 토핑 작업

2차 데코레이션

제조기에서 배출되는 젤라또을 이용하여 나만의 또는 내 매장만의 특별한 모양내기를하고 싶은 경우 1차적인 젤라또 담기를 끝낸 후 스쿱을 이용하여 내가 원하는 모양으로 2차 모양내기를 한다.

이 경우 너무 큰 덩어리 형태로 단순한 모양을 만들 경우 표면의 젤라또의 물성이 변하게 되고 내부는 과도하게 냉각되므로 젤라또 중간 중간 일정한 모양을 내어서 공기의 흐름이 원활하도록 해주는 것이 좋다.

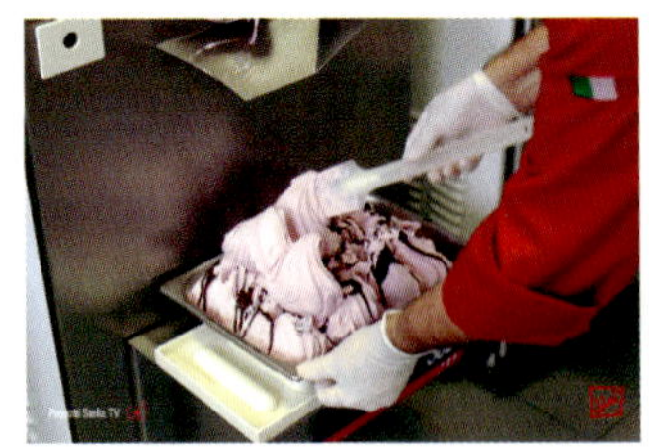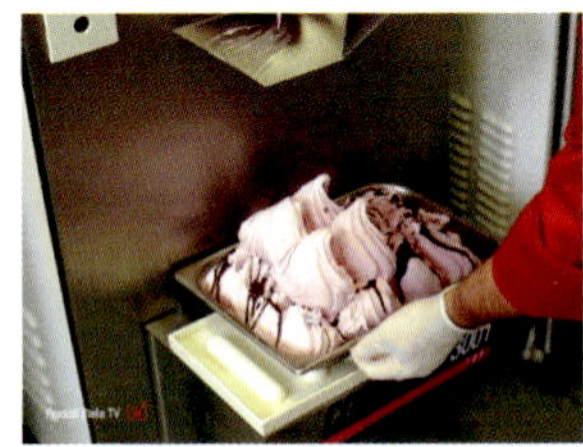

다양한 젤라또 모양내기

3차 모양내기

바트에 옮겨 담은 젤라또의 맛과 느낌을 소비자에게 빠르게 전달하여, 강한 이미지를 부여하고자 다양한 형태의 데코레이션 작업을 하게 된다.

또한 각각의 맛에 대한 이름표를 젤라또와 조화를 이룰 수 있는 크기로 만들어서 하나의 데코레이션 효과로 사용할 수도 있다.

이러한 3차적인 데코레이션의 경우에는 물성과 점성이 강한 페이스트 및 토핑류를 사용하거나 생과일 견과류 등을 주로 사용하게 된다. 단, 당도가 높거나 흐름성이 높은 토핑류는 젤라또 위에서 시간이 경과 할수록 물성이 흐려져서 변하거나, 아래쪽으로 흘러내려 모이게 되는 경우가 있어 오히려 데코레이션에 부정적인 효과를 주게 된다.

다양한 젤라또 모양내기

05

고객 서비스

소비자에게 선택 받아야 하는
젤라또의 특성상
젤라띠에레는 제조, 관리, 판매 전 과정에서
위생을 최우선으로 고려하여야 한다.

메뉴 선정 및
스쿠핑

스쿠핑은 손님에게 젤라또를 전달하는 방법 이외에 저온의 쇼케이스내에서 젤라또의 빙결정(얼음입자)이 시간이 지나면서 변형되어 커진 형태를 다시 제조기에서 바로 만들어졌을 때와 유사한 질감과 식감을 갖도록 해주는 아주 중요한 작업이다.

이태리 현지 매장의 실적용 판매 사례

인사 예절

우리는 모든 만남의 시간을 인사로 시작하고 인사로 마무리 하곤 한다. 인사는 항상 먼저 즐거운 마음으로 얼굴에 미소를 머금고 고객과 시선을 가볍게 마주치고 진심을 담아 바른 자세로 하도록 하여야 한다.

인사의 기본방향

항상 손님을 바라보고, 얼굴에는 미소와 함께 밝은 인사를 나누고 정성스런 마음으로 하도록 한다.

인사 요령

남성: 가벼운 차렷 자세에서 정중히 인사한다.

여성: 가벼운 자세에서 오른손을 위로하여 앞으로 모은 상태에서 정중히 인사한다.

1) 목례 15도
   – 자주 만나는 경우
   – 협소한 장소에서 물건을 주고 받을 때
   – 친절함을 표현할 때

2) 목례 30도: 가장 일반적인 인사법
   – 사람을 맞이할 때나 배웅할 때

3) 목례 45도: 정중함을 표현할 때
   – 감사나 사과를 표현할 때

고객 불만 대응

고객 불만 대응을 효과적으로 대응하는 방법들은 많은 노력과 경험에서 우러나온다고 볼 수 있다. 고객이 불만을 갖기 전에 사전에 불만들을 차단하는 방법이 가장 좋겠지만 상황에 따라서는 그렇지 않으므로 다음 표에서 상황별 고객 불만 대응을 효과적으로 대처 할 수 있는 방법들을 알아보자.

1) 올바른 접객 용어

고객을 맞이할 때 (자신감 있는 목소리와 밝은 미소로)	"안녕하십니까, 어서 오십시오."
고객의 요구가 있을 때	" 네, 잘 알겠습니다."
고객을 기다리게 할 때	"죄송합니다만, 잠시만 기다려주십시오." "오랫동안 기다리셨습니다."
고객이 구매를 결정 할 때	"감사합니다." 또는 고맙습니다.
대금을 받았을 때	"000 원 받았습니다."
거스름돈과 영수증을 드릴 때	"거스름돈 000 원과 영수증입니다."
고객을 배웅할 때	"감사합니다. 안녕히 가십시오, 또 들러 주십시오. (좋은 하루 되십시오.)"

2) 고객에 대한 호칭

저.....	죄송합니다만
어떻게 하지?	어떻습니까?
잘 모르겠는데요...	잘 모르겠습니다만, 확인해 보겠습니다.
부탁합니다.	부탁드립니다.
그렇습니까?	그러십니까?

매장 위생 관리

매장 입구 및 주변

1. 매일 조회 후 청소하며, 주차장도 포함하여 청소한다.
2. 수시로 점검하고 쓰레기가 없도록 한다.
3. 매장 입구 깔판은 항상 깨끗하도록 수시로 점검하며, 출입문은 손자국이 없도록 관리한다.
4. 간판이나 유리창은 상태에 따라 주기적으로 청소를 하여 청결을 유지한다.
5. 배송품이나 택배제품은 품목별로 매장 입구 한쪽에 가지런히 정렬한다.
6. 빈 박스나 스티로폼은 고객의 눈에 띄지 않는 장소에 정리하여 청결을 유지한다.

매장 바닥

1. 매일 물걸레로 청소하며 미끄러지지 않게 마른바닥상태를 유지 할 수 있도록 한다.
2. 비나 눈이 오는 날이면 입구 쪽 물기를 수시로 제거하여 고객이 미끄러지지 않도록 한다.
3. 우산 꽂이는 매장 입구 쪽에 비치하며, 물기가 흐르지 않도록 유지한다.

젤라또 머신 및 쇼케이스

1. 항상 기기주변은 청결하게 유지한다.
2. 쇼케이스 유리는 수시로 닦아 얼룩이 지지 않게 한다.
3. 네임텍이나 스쿱의 손잡이는 항상 청결하게 유지한다.
4. 젤라또 머신은 사용하지 않을 시 내부에 물기가 없도록 유지하며, 세균이 번식하지 않도록 각별히 신경 쓴다.

진열대

마른걸레로 먼지를 제거하며, 고객이 없을 시 수시로 청소한다.

조명

밝기, 먼지, 점등 여부를 매일 점검하며, 먼지제거는 월 1회 실시한다.

테이블 및 테이블 주변

1. 테이블은 손님이 나가면 곧바로 깨끗하게 닦아 다음손님이 바로 앉을 수 있도록 한다.
2. 서비스 스테이션은 항상 깨끗하게 관리하고 주변 쓰레기가 떨어져 있지 않도록 수시로 점검한다.

집기 및 도구

1. 수시로 청결하게 유지하도록 각별히 신경 쓴다.
2. 매일 소독하여 사용한다. (세균번식 유의)
3. 자주 사용한 집기나 도구는 항상 제 위치에 비치한다.

화장실

1. 물청소를 하여 바닥에는 물기가 없도록, 일3회 이상 점검한다.
2. 휴지와 비누 및 수건을 항상 비치하며, 수건은 매일 교체한다.
3. 거울은 마른 수건으로 닦아 물기나 자국이 없도록 한다.
4. 벽에는 그림액자나 명언을 부착하고 창문틀에는 꽃을 비치한다.

복장 관리

서비스 직종에 종사하는 사람들은 기본적으로 바른 자세와 바른 마음가짐을 가져야 한다. 특히, 용모, 복장, 표정관리, 자세 등은 그 사람의 첫인상을 좌우하기 때문에 아무리 강조해도 지나치지 않은 기본 요소들이다.

1. 용모

첫 만남에서 단정한 용모를 갖춘 사람은 신뢰감을 준다. 몸가짐과 용모는 인격의 표현이기 때문이다.

남성

1) 머리 – 앞머리는 눈을 가리지 않는다.
      옆머리, 뒷머리가 귀나 와이셔츠 깃을 덮지 않도록 한다.
      매장용 모자를 항상 착용하되 단정하게 착용한다.
2) 면도는 매일 아침 깨끗하게 한다.
3) 눈은 충혈 되거나 눈곱이 끼지 않도록 한다.
4) 이는 식사 후 깨끗이 닦고 냄새가 나지 않도록 한다.
5) 수시로 거울을 보고 용모를 점검한다.

여성

1) 화장 – 너무 진하지 않게, 자연스럽고 평범하게 한다.
2) 헤어스타일 – 유행을 너무 따르거나(지나친 염색 등) 지나친 퍼머는 피한다.
      긴 머리는 단정하고 활동하기 편하게 묶어준다.
      매장용 모자를 항상 착용하되 단정하게 착용한다.
3) 손톱 – 짧고 깨끗하게 정리한다.
      매니큐어는 무색으로 하고, 벗겨진 채로 활동하지 않도록 유의한다.

2. 복장

- 앞치마, 모자, 티 등 깨끗한 복장을 유지한다.

1) 유니폼 – 주 2회 이상 세탁하고 항상 깨끗함을 유지한다.

2) 명찰 – 명찰은 이름이 보이도록 항상 착용하며, 왼쪽 가슴에 바르게 착용한다.

3) 신발 – 편한 신발을 착용하되 항상 청결함을 유지한다.

4) 쉐프 복장과 직원 복장을 구별하고 젤라또 제조 시 쉐프 복장을 착용하며, 판매 시에는 직원 복장을 착용한다.

3. 표정 관리

1) 미소 – 어떠한 상황에서도 웃을 수 있도록 스스로를 훈련한다.

미소는 돈이 들지 않는 가장 비싼 치장이다.

2) 표정 – 표정이 밝으면 음성이 경쾌해지며 응대 태도가 밝아진다. 평소의 표정은 온화하게 하며 얼굴 전체에 자연스러운 미소를 띠도록 한다.

표정은 곧 그 사람 마음의 Message를 담고 있다.

4. 대기자세

1) 두 손을 모으고 허리를 편 자세로 손님들을 향해 서 있는다.

2) 뒷짐을 지거나 주머니에 손을 넣지 않는다.

3) 카운터 주위에서 사적인 잡담을 하지 않는다.

4) 수시로 정리 정돈 및 먼지제거를 하며 또는 제품 및 메뉴를 연구한다.

5) 흡연은 매장 입구에서 하지 않으며, 고객이 없는 곳, 출입구를 벗어난 장소에서 한다.

5. 기타

1) 직원간 호칭 – 매장 내에서 직원간의 상호 존칭을 사용한다.

2) 제품을 가르킬 때 – 손을 모으고 시선과 함께 위치를 알려준다.

맛과 품질을
결정하는 요인

Gelato를 생산하는 전체 과정을 통해서 생산 과정의 표준화, 정량화를 유지함으로서 항상 일정한 품질의 제품을 생산 관리할 수 있으며, 반드시 소비자의 긍정적인 반응으로 되돌아온다.

전체적인 제조, 생산, 보관, 판매 과정의 관점에서 사전 점검을 통해 품질 관리를 정량화 할 수 있는 요인들을 알아보면 단계별로 다음과 같은 항목으로 집중 관리할 수 있다.

1단계: 주재료의 세심한 선정(신선도, 유통기한 관리, 품질의 균일성 유지)

우유, 물, 설탕, 과일, 향신료, 안정제 등의 일정한 품질 확인

2단계: 혼합/배합 과정의 일관성 및 표준화 유지

항상 동일한 순서에 의한 제조습관 유지 및 작업자 교육

3단계: 혼합 상태의 안정성(온도, 시간 등)

배합된 원재료의 유상화 시간에 대한 이해가 필요하며, 배합재료의 충분한 혼입 시간을 부여해야 향후 제조된 Gelato에서 발생되는 문제점에 대한 역추론이 가능한다.

4단계: 동결 과정의 균일성/신속성(균일한 생산시간)

항상 일정한 시간의 제조 패턴을 유지하도록 노력해야 하며, 수냉식 제조기를 사용하는 경우 냉각효율을 위해 사용되는 냉각수의 유입 온도가 환절기에 변화될 수 있어 이점에 특히 유의해야 한다.

예를 들어, 하절기에 설정된 Btach Freezer의 제조시간이 동절기로 계절이 변하면서 유입되는 냉각수의 온도가 낮게되어 설정된 시간 이전에 원하는 질감의 Gelato를 완성하게 되나 남아있는 시간 동안 과냉각 상태가 유지되어 비터의 파손원인이 되며, 특히 금속 비터의 경우 미소량의 금속 분말이 제품에 섞이는 현상이 발생될 수도 있다.

5단계: 전처리, 보관, 운반 및 Display 과정의 온도 관리

Batch Freezer에서 바로 만들어진 Gealto의 온도는 충분히 고형될 수 있는 온도가 아니기 때문에 가능한 한 신속하게 급속 동결기 또는 냉동고에서 보관되어야 한다.

만약에 이과정에서 시간이 오래 지나게 되면, Gelato 내부에서부터 분리현상이 발생되어 차후 Display showcase 내에서의 제품 균질화에 문제가 될 수 있다.

6단계: 수분리, 유분리, 건조, 비정상적인 온도 변화

각 제조 단계별 품질관리 표준화를 준수하지 못할 경우 Display Showcase 내에서 Gelato의 다양한 분리 현상이 나타날 수 있다.

06

관련 자료

젤라떼리아와 젤라띠에레에게
참고가 될 만한 자료의 정리

젤라또 매장의 연계상품

Gelato와 연계하여 판매 가능한 상품 소개

부가 제품군 및
Gelateria에서의 관련 연계상품

1) 커피와 연계할 수 있는 상품군

– Affogato : Espresso에 Milk Base 또는 바닐라 Gelato를 첨가한 고급 디저트

– 아이스 커피와 Gelato를 응용한 제품

Affogato

2) 베이커리 제품과 연계할 수 있는 상품군

– 브라우니와 Milk Base 제품의 결합 상품(Chocolate, 피스타치오 등)

– 식빵류와 결합된 상품

– 와플, 토스트와 결합된 상품

3) 음료 및 기타 제품과 연계 가능한 상품군

– 빙수류에 과일 Gelato를 첨가해서 상품화한 제품

– 냉음료에 Gelato를 첨가하여 풍미를 증대시킨 음료 제품

– 발효 요거트 분말을 이용한 요거트 스무디 음료 제품

– 스무디 제품에 Gelato를 첨가한 제품류

과일 토핑 젤라또 스무디

각종 젤라또 스틱 및 컵 제품

국내 판매 중인
젤라또 응용 제품 사례

커피음료 및 페이스트리 제품 응용 사례

젤라또 응용 메뉴

딸기빙수

망고빙수

블루베리빙수

바닐라빙수

유제품의
고형분 함량 비교

제품개발 및 Recipe 내의 고형분을 점검할 때 유용하게 사용할 수 있는 자료이며 대체적인 제품은 외부에 자세하게 구성성분 표시를 하고 있으나, 때때로 구성비율의 확인이 어려운 경우가 있어 참고해도 좋을 자료이다.

01 Italian Gelato Recipe

전통적인 이탈리안 Recipe와 비교해보면 다소 고형분 함량이 낮게 구성되어 있다. 또한 당 성분 중에서 Corn Syrup과 같은 다당류 성분을 첨가로 당 성분 Balance를 위해 다양한 성분을 사용했으며, 물엿 계통을 사용함으로서 Gelato의 성상을 보다 안정시키는 방향으로 조정했다고 볼 수 있다.

White Base (1, 2안)

Milk 3.5%	67.5%	고형성분	함량
Cream 35%	10.0%	Fat	5.8%
Skim Milk Powder	4.0%	Sugar	18.0%
Sugar	16.0%	MSNF	10.2%
Dextrose	2.0%	기타	0.5%
Stabillizer	0.5%		(34.5%)

Milk 3.5%	56.5%	고형성분	함량
Cream 35%	20.0%	Fat	9.3%
Sweetened cond.		Sugar	18.4%
Whole milk	5.0%	MSNF	8.3%
Skim Milk Powder	1.0%	기타	0.5%
Sugar	14.0%		(36.5%)
Corn Syrup	3.0%		
Stabillizer	0.5%		

02 Yellow Base Recipe

Yellow Base의 경우에 특징적인 사항은, 설탕 성분이 낮고 Egg Yolk를 사용한 점을
볼 수 있다.

Yellow Base (1, 2안)

Milk 3.5%	67.0%	고형성분	함량
Cream 35%	5.5%	Fat	6.3%
Skim Milk Powder	2.0%	Sugar	18.5%
Sugar	16.0%	MSNF	8.3%
Dextrose	6.5%	기타	1.2%
Egg yolk Stabillizer	0.5%		(34.3%)

Milk 3.5%	60.0%	고형성분	함량
Cream 35%	10.0%	Fat	8.2%
Sweetened cond.		Sugar	17.3%
Whole milk	5.0%	MSNF	8.0%
Skim Milk Powder	1.5%	기타	1.6%
Sugar	13.0%		(35.1%)
Glucose	3.0%		
Egg yolk	7.0%		
Stabillizer	0.5%		

Skim Milk	31.8%	고형성분	함량
Cream 40%	43.1%	Fat	18.9%
Sugar	15.3%	Sugar	17.0%
Dextrose	1.9%	MSNF	7.1%
Skim Milk Powder	2.1%	기타	1.0%
Egg yolk	5.8%		(44.0%)

Milk 4%	31.1%	고형성분	함량
Cream 35%	44.3%	Fat	18.4%
Sugar	17.0%	Sugar	17.0%
Skim Milk Powder	7.0%	MSNF	7.2%
Egg yolk	5.6%	기타	0.9%
			(43.5%)

03 Chocolate Base Recipe

Chocolate Base

Milk 3.5%	64.0%	고형성분	함량
Cream 35%	6.4%	Fat	5.8%
Skim Milk Powder	3.2%	Sugar	19.5%
Sugar	17.5%	MSNF	9.2%
Dextrose	2.0%	기타	5.2%
Cocoa Powder	6.4%		(39.7%)
Stabillizer	0.5%		

Milk 3.5%	68.5%	고형성분	함량
Cream 35%	3.5%	Fat	5.0%
Sugar	17.0%	Sugar	20.2%
Dextrose	3.5%	MSNF	6.4%
Cocoa Powder	7.0%	기타	5.6%
Stabillizer	0.5%		(37.2%)

식품첨가물의
E-code

E100 – E199 (colours)

Code	Name(s)
E100	Curcumin (from turmeric)
E101	Riboflavin (Vitamin B_2), formerly called lactoflavin
E101a	Riboflavin-5'-Phosphate
E102	Tartrazine (FD&C Yellow 5)
E103	Alkannin [11]
E104	Quinoline Yellow WS
E105	Fast Yellow AB
E106	Riboflavin-5-Sodium Phosphate
E107	Yellow 2G
E110	Sunset Yellow FCF (Orange Yellow S, FD&C Yellow 6)
E111	Orange GGN
E120	Cochineal, Carminic acid, Carmine (Natural Red 4)
E121	Citrus Red 2
E122	Carmoisine (azorubine)
E123	Amaranth (FD&C Red 2)
E124	Ponceau 4R (Cochineal Red A, Brilliant Scarlet 4R)
E125	Ponceau SX, Scarlet GN
E126	Ponceau 6R
E127	Erythrosine (FD&C Red 3)
E128	Red 2G
E129	Allura Red AC (FD&C Red 40)
E130	Indanthrene blue RS
E131	Patent Blue V

E132	Indigo carmine (indigotine, FD&C Blue 2)
E133	Brilliant Blue FCF (FD&C Blue 1)
E140	Chlorophylls and Chlorophyllins: (i) Chlorophylls (ii) Chlorophyllins
E141	Copper complexes of chlorophylls and chlorophyllins (i) Copper complexes of chlorophylls (ii) Copper complexes of chlorophyllins
E142	Green S
E143	Fast Green FCF (FD&C Green 3)
E150a	Plain caramel
E150b	Caustic sulphite caramel
E150c	Ammonia caramel
E150d	Sulphite ammonia caramel
E151	Black PN, Brilliant Black BN
E152	Carbon black (hydrocarbon)
E153	Vegetable carbon
E154	Brown FK (kipper brown)
E155	Brown HT (chocolate brown HT)
E160a	Alpha-carotene, Beta-carotene, Gamma-carotene
E160b	Annatto, bixin, norbixin
E160c	Paprika oleoresin, Capsanthin, capsorubin
E160d	Lycopene
E160e	Beta-apo-8'-carotenal (C 30)
E160f	Ethyl ester of beta-apo-8'-carotenic acid (C 30)
E161a	Flavoxanthin
E161b	Lutein
E161c	Cryptoxanthin
E161d	Rubixanthin
E161e	Violaxanthin
E161f	Rhodoxanthin
E161g	Canthaxanthin

E161h	Zeaxanthin
E161i	Citranaxanthin
E161j	Astaxanthin
E162	Beetroot Red, Betanin
E163	Anthocyanins
E164	Saffron
E170	Calcium carbonate, Chalk
E171	Titanium dioxide
E172	Iron oxides and iron hydroxides
E173	Aluminium
E174	Silver
E175	Gold
E180	Pigment Rubine, Lithol Rubine BK
E181	Tannin
E182	Orcein, Orchil

E200 – E299 (preservatives)

Code	Name(s)
E200	Sorbic acid
E201	Sodium sorbate
E202	Potassium sorbate
E203	Calcium sorbate
E209	Heptyl p–hydroxybenzoate
E210	Benzoic acid
E211	Sodium benzoate
E212	Potassium benzoate
E213	Calcium benzoate
E214	Ethylparaben (ethyl para–hydroxybenzoate)

E215	Sodium ethyl para-hydroxybenzoate
E216	Propylparaben (propyl para-hydroxybenzoate)
E217	Sodium propyl para-hydroxybenzoate
E218	Methylparaben (methyl para-hydroxybenzoate)
E219	Sodium methyl para-hydroxybenzoate
E220	Sulphur dioxide
E221	Sodium sulphite
E222	Sodium bisulphite (sodium hydrogen sulphite)
E223	Sodium metabisulphite
E224	Potassium metabisulphite
E225	Potassium sulphite
E226	Calcium sulphite
E227	Calcium hydrogen sulphite (preservative)
E228	Potassium hydrogen sulphite
E230	Biphenyl, diphenyl
E231	Orthophenyl phenol
E232	Sodium orthophenyl phenol
E233	Thiabendazole
E234	Nisin
E235	Natamycin, Pimaracin
E236	Formic acid
E237	Sodium formate
E238	Calcium formate
E239	Hexamine (hexamethylene tetramine)
E240	Formaldehyde
E242	Dimethyl dicarbonate
E249	Potassium nitrite
E250	Sodium nitrite
E251	Sodium nitrate (Chile saltpeter)

E252	Potassium nitrate (Saltpetre)
E260	Acetic acid (preservative)
E261	Potassium acetate (preservative)
E262	Sodium acetates (i) Sodium acetate (ii) Sodium diacetate (sodium hydrogen acetate)
E263	Calcium acetate (preservative)
E264	Ammonium acetate
E265	Dehydroacetic acid
E266	Sodium dehydroacetate
E270	Lactic acid (preservative)
E280	Propionic acid
E281	Sodium propionate
E282	Calcium propionate
E283	Potassium propionate
E284	Boric acid
E285	Sodium tetraborate (borax)
E290	Carbon dioxide
E296	Malic acid (acid)
E297	Fumaric acid

E300 – E399 (antioxidants, acidity regulators)

Code	Name(s)
E300	Ascorbic acid (Vitamin C)
E301	Sodium ascorbate
E302	Calcium ascorbate
E303	Potassium ascorbate
E304	Fatty acid esters of ascorbic acid (Ascorbyl palmitate)
E305	Ascorbyl stearate

E306	Tocopherols (Vitamin E, natural)
E307	Alpha–Tocopherol (synthetic)
E308	Gamma–Tocopherol (synthetic)
E309	Delta–Tocopherol (synthetic)
E310	Propyl gallate
E311	Octyl gallate
E312	Dodecyl gallate
E313	Ethyl gallate
E314	Guaiac resin
E315	Erythorbic acid
E316	Sodium erythorbate
E317	Erythorbin acid
E318	Sodium erythorbin
E319	tert–Butylhydroquinone (TBHQ)
E320	Butylated hydroxyanisole (BHA)
E321	Butylated hydroxytoluene (BHT)
E322	Lecithin
E323	Anoxomer
E324	Ethoxyquin
E325	Sodium lactate
E326	Potassium lactate (antioxidant)
E327	Calcium lactate
E328	Ammonium lactate
E329	Magnesium lactate
E330	Citric acid
E331	Sodium citrates (i) Monosodium citrate (ii) Disodium citrate (iii) Sodium citrate (trisodium citrate)
E332	Potassium citrates (i) Monopotassium citrate (ii) Potassium citrate (tripotassium citrate)

E333	Calcium citrates (i) Monocalcium citrate (ii) Dicalcium citrate (iii) Calcium citrate (tricalcium citrate)
E334	Tartaric acid (L(+)–)
E335	Sodium tartrates (i) Monosodium tartrate (ii). Disodium tartrate
E336	Potassium tartrates (i) Monopotassium tartrate (cream of tartar) (ii) Dipotassium tartrate
E337	Sodium potassium tartrate
E338	Orthophosphoric acid
E339	Sodium phosphates (i) Monosodium phosphate (ii) Disodium phosphate (iii) Trisodium phosphate
E340	Potassium phosphates (i) Monopotassium phosphate (ii) Dipotassium phosphate (iii) Tripotassium phosphate
E341	Calcium phosphates (i) Monocalcium phosphate (ii) Dicalcium phosphate (iii) Tricalcium phosphate
E342	Ammonium phosphates: (i) monoammonium phosphate (ii) diammonium phosphate
E343	Magnesium phosphates (i) monomagnesium phosphate (ii) Dimagnesium phosphate
E344	Lecitin citrate
E345	Magnesium citrate
E349	Ammonium malate
E350	Sodium malates (i) Sodium malate (ii) Sodium hydrogen malate
E351	Potassium malate
E352	Calcium malates (i) Calcium malate (ii) Calcium hydrogen malate
E353	Metatartaric acid
E354	Calcium tartrate
E355	Adipic acid
E356	Sodium adipate
E357	Potassium adipate
E359	Ammonium adipate
E363	Succinic acid

E365	Sodium fumarate
E366	Potassium fumarate
E367	Calcium fumarate
E368	Ammonium fumarate
E370	1,4–Heptonolactone
E380	Triammonium citrate
E381	Ammonium ferric citrate
E383	Calcium glycerylphosphate
E384	Isopropyl citrate
E385	Calcium disodium ethylene diamine tetraacetate, (Calcium disodium EDTA)
E386	Disodium ethylene diamine tetraacetate (Disodium EDTA)
E387	Oxystearin
E388	Thiodipropionic acid
E389	Dilauryl thiodipropionate
E390	Distearyl thiodipropionate
E391	Phytic acid
E392	Extracts of rosemary
E399	Calcium lactobionate

E400 – E499 (thickeners, stabilisers, emulsifiers)

Code	Name(s)
E400	Alginic acid (thickener) (stabiliser) (gelling agent)
E401	Sodium alginate (thickener) (stabiliser) (gelling agent)
E402	Potassium alginate (thickener) (stabiliser) (gelling agent)
E403	Ammonium alginate (thickener) (stabiliser)
E404	Calcium alginate (thickener) (stabiliser) (gelling agent)

E405	Propane–1,2–diol alginate (Propylene glycol alginate) (thickener) (stabiliser)
E406	Agar (thickener) (gelling agent)
E407	Carrageenan (thickener) (stabiliser) (gelling agent)
E407a	Processed eucheuma seaweed (thickener) (stabiliser) (gelling agent)
E408	Bakers yeast glycan
E409	Arabinogalactan
E410	Locust bean gum (Carob gum) (thickener) (stabiliser) (gelling agent)
E411	Oat gum (thickener)
E412	Guar gum (thickener)
E413	Tragacanth (thickener) (stabiliser)
E414	Acacia gum (gum arabic) (thickener) (stabiliser)
E415	Xanthan gum (thickener)
E416	Karaya gum (thickener) (stabiliser)
E417	Tara gum (thickener)
E418	Gellan gum (thickener) (stabiliser)
E419	Gum ghatti (thickener) (stabiliser)
E420	Sorbitol (i) Sorbitol (ii) Sorbitol syrup (emulsifier) (sweetener)
E421	Mannitol (anti–caking agent)
E422	Glycerol (emulsifier)
E424	Curdlan
E425	Konjac (i) Konjac gum (ii) Konjac glucomannane
E426	Soybean hemicellulose
E427	Cassia gum
E429	Peptones
E430	Polyoxyethene (8) stearate (emulsifier)
E431	Polyoxyethene (40) stearate
E432	Polyoxyethene (20) sorbitan monolaurate (polysorbate 20)
E433	Polyoxyethene (20) sorbitan monooleate (polysorbate 80)

E434	Polyoxyethene (20) sorbitan monopalmitate (polysorbate 40)
E435	Polyoxyethene (20) sorbitan monostearate (polysorbate 60)
E436	Polyoxyethene (20) sorbitan tristearate (polysorbate 65)
E440	Pectins (i) pectin (ii) amidated pectin
E441	Gelatine (emulsifier)
E442	Ammonium phosphatides
E443	Brominated vegetable oil
E444	Sucrose acetate isobutyrate
E445	Glycerol esters of wood rosins
E446	Succistearin
E450	Diphosphates (i) Disodium diphosphate (ii) Trisodium diphosphate (iii) Tetrasodium diphosphate (iv) Dipotassium diphosphate (v) Tetrapotassium diphosphate (vi) Dicalcium diphosphate (vii) Calcium dihydrogen diphosphate
E451	Triphosphates (i) Sodium triphosphate (pentasodium triphosphate) (ii) Pentapotassium triphosphate
E452	Polyphosphates (i) Sodium polyphosphates (ii) Potassium polyphosphates (iii) Sodium calcium polyphosphate (iv) Calcium polyphosphates (v) Ammonium polyphosphate
E459	Beta-cyclodextrin
E460	Cellulose (i) Microcrystalline cellulose (ii) Powdered cellulose
E461	Methyl cellulose
E462	Ethyl cellulose
E463	Hydroxypropyl cellulose
E464	Hypromellose (hydroxypropyl methylcellulose)
E465	Ethyl methyl cellulose
E466	Carboxymethyl cellulose, Sodium carboxymethyl cellulose
E467	Ethyl hydroxyethyl cellulose
E468	Crosslinked sodium carboxymethyl cellulose (Croscarmellose)
E469	Enzymically hydrolysed carboxymethylcellulose
E470a	Sodium, potassium and calcium salts of fatty acids (emulsifier)

E470b	Magnesium salts of fatty acids (emulsifier)
E471	Mono– and diglycerides of fatty acids (glyceryl monostearate, glyceryl distearate)
E472a	Acetic acid esters of mono– and diglycerides of fatty acids
E472b	Lactic acid esters of mono– and diglycerides of fatty acids
E472c	Citric acid esters of mono– and diglycerides of fatty acids
E472d	Tartaric acid esters of mono– and diglycerides of fatty acids
E472e	Mono– and diacetyl tartaric acid esters of mono– and diglycerides of fatty acids
E472f	Mixed acetic and tartaric acid esters of mono– and diglycerides of fatty acids
E472g	Succinylated monoglycerides
E473	Sucrose esters of fatty acids
E474	Sucroglycerides
E475	Polyglycerol esters of fatty acids
E476	Polyglycerol polyricinoleate
E477	Propane–1,2–diol esters of fatty acids, propylene glycol esters of fatty acids
E478	Lactylated fatty acid esters of glycerol and propane–1
E479b	Thermally oxidized soya bean oil interacted with mono– and diglycerides of fatty acids
E480	Dioctyl sodium sulphosuccinate
E481	Sodium stearoyl–2–lactylate
E482	Calcium stearoyl–2–lactylate
E483	Stearyl tartrate
E484	Stearyl citrate
E485	Sodium stearoyl fumarate
E486	Calcium stearoyl fumarate
E487	Sodium laurylsulphate
E488	Ethoxylated Mono– and Di–Glycerides

E489	Methyl glucoside–coconut oil ester
E490	Propane–1,2–diol
E491	Sorbitan monostearate
E492	Sorbitan tristearate
E493	Sorbitan monolaurate
E494	Sorbitan monooleate
E495	Sorbitan monopalmitate
E496	Sorbitan trioleate
E497	Polyoxypropylene–polyoxyethylene polymers
E498	Partial polyglycerol esters of polycondensed fatty acids of castor oil

E500 – E599 (acidity regulators, anti–caking agents)

Code	Name(s)
E500	Sodium carbonates (i) Sodium carbonate (ii) Sodium bicarbonate (Sodium hydrogen carbonate) (iii) Sodium sesquicarbonate (acidity regulator)
E501	Potassium carbonates (i) Potassium carbonate (ii) Potassium bicarbonate (Potassium hydrogen carbonate)
E503	Ammonium carbonates (i) Ammonium carbonate (ii) Ammonium bicarbonate (Ammonium hydrogen carbonate)
E504	Magnesium carbonates (i) Magnesium carbonate (ii) Magnesium bicarbonate Magnesium hydrogen carbonate
E505	Ferrous carbonate
E507	Hydrochloric acid
E508	Potassium chloride (gelling agent)
E509	Calcium chloride (sequestrant)
E510	Ammonium chloride, ammonia solution (acidity regulator)
E511	Magnesium chloride
E512	Stannous chloride
E513	Sulphuric acid

E514	Sodium sulphates (i) Sodium sulphate (ii)
E515	Potassium Sulphates (i) Potassium Sulphate (ii)
E516	Calcium sulphate
E517	Ammonium sulphate
E518	Magnesium sulphate (Epsom salts), (acidity regulator)
E519	Copper(II) sulphate
E520	Aluminium sulphate
E521	Aluminium sodium sulphate
E522	Aluminium potassium sulphate
E523	Aluminium ammonium sulphate
E524	Sodium hydroxide
E525	Potassium hydroxide
E526	Calcium hydroxide (acidity regulator)
E527	Ammonium hydroxide
E528	Magnesium hydroxide
E529	Calcium oxide (acidity regulator)
E530	Magnesium oxide (acidity regulator)
E535	Sodium ferrocyanide (acidity regulator)
E536	Potassium ferrocyanide
E537	Ferrous hexacyanomanganate
E538	Calcium ferrocyanide
E539	Sodium thiosulphate
E540	Dicalcium diphosphate (acidity regulator)
E541	Sodium aluminium phosphate (i) Acidic (ii) Basic
E542	Bone phosphate (Essentiale Calcium Phosphate, Tribasic)
E543	Calcium sodium polyphosphate
E544	Calcium polyphosphate
E545	Ammonium polyphosphate
E550	Sodium Silicates (i) Sodium silicate (ii) Sodium metasilicate

E551	Silicon dioxide (Silica)
E552	Calcium silicate
E553a	(i) Magnesium silicate (ii) Magnesium trisilicate
E553b	Talc
E554	Sodium aluminosilicate (sodium aluminium silicate)
E555	Potassium aluminium silicate
E556	Calcium aluminosilicate (calcium aluminium silicate)
E557	Zinc silicate
E558	Bentonite
E559	Aluminium silicate (Kaolin)
E560	Potassium silicate
E561	Vermiculite
E562	Sepiolite
E563	Sepiolitic clay
E565	Lignosulphonates
E566	Natrolite-phonolite
E570	Fatty acids
E572	Magnesium stearate, calcium stearate (emulsifier)
E574	Gluconic acid
E575	Glucono delta-lactone (acidity regulator)
E576	Sodium gluconate
E577	Potassium gluconate
E578	Calcium gluconate
E579	Ferrous gluconate
E580	Magnesium gluconate
E585	Ferrous lactate
E586	4-Hexylresorcinol
E598	Synthetic calcium aluminates
E599	Perlite

E600 – E699 (flavour enhancer)

Code	Name(s)
E620	Glutamic acid
E621	Monosodium glutamate (MSG)
E622	Monopotassium glutamate
E623	Calcium diglutamate
E624	Monoammonium glutamate
E625	Magnesium diglutamate
E626	Guanylic acid
E627	Disodium guanylate, sodium guanylate
E628	Dipotassium guanylate
E629	Calcium guanylate
E630	Inosinic acid
E631	Disodium inosinate
E632	Dipotassium inosinate
E633	Calcium inosinate
E634	Calcium 5'-ribonucleotides
E635	Disodium 5'-ribonucleotides
E640	Glycine and its sodium salt
E650	Zinc acetate

E700 – E799 (antibiotics)

Code	Name(s)
E701	Tetracyclines
E702	Chlortetracycline
E703	Oxytetracycline
E704	Oleandomycin

E705	Penicillin G potassium
E706	Penicillin G sodium
E707	Penicillin G procaine
E708	Penicillin G benzathine
E710	Spiramycins
E711	Virginiamycins
E712	Flavomycin
E713	Tylosin
E714	Monensin A
E715	Avoparcin
E716	Salinomycin
E717	Avilamycin

E900 – E999 (glazing agents and sweeteners)

Code	Name(s)
E900	Dimethyl polysiloxane (anti–foaming agent)
E901	Beeswax, white and yellow
E902	Candelilla wax
E903	Carnauba wax
E904	Shellac
E905	Paraffins
E905a	Mineral oil
E905b	Petrolatum
E905c	Petroleum wax (i)Microcrystalline wax (ii) Paraffin wax
E906	Gum benzoic
E907	Crystalline wax
E908	Rice bran wax
E909	Spermaceti wax

E910	Wax esters
E911	Methyl esters of fatty acids
E912	Montanic acid esters, Montan acid esters
E913	Lanolin, sheep wool grease
E914	Oxidized polyethylene wax, oxidized polyethylene
E915	Esters of colophony
E916	Calcium iodate
E917	Potassium iodate
E918	Nitrogen oxides
E919	Nitrosyl chloride
E920	L–cysteine
E921	L–cystine
E922	Potassium persulphate
E923	Ammonium persulphate
E924	Potassium bromate
E924b	Calcium bromate
E925	Chlorine
E926	Chlorine dioxide (preservative)
E927a	Azodicarbonamide
E927b	Carbamide (urea)
E928	Benzoyl peroxide (improving agent)
E929	Acetone peroxide
E930	Calcium peroxide (improving agent)
E938	Argon
E939	Helium
E940	Dichlorodifluoromethane
E941	Nitrogen (packaging gas)
E942	Nitrous oxide
E943a	Butane

E943b	Isobutane
E944	Propane
E945	Chloropentafluoroethane
E946	Octafluorocyclobutane
E948	Oxygen
E949	Hydrogen
E950	Acesulfame potassium
E951	Aspartame
E952	Cyclamic acid and its sodium and calcium salts, also known as Cyclamate
E953	Isomalt, Isomaltitol
E954	Saccharin and its sodium, potassium and calcium salts
E955	Sucralose (Trichlorogalactosucrose)
E956	Alitame
E957	Thaumatin (sweetener)
E958	Glycyrrhizin (sweetener)
E959	Neohesperidine dihydrochalcone (sweetener)
E960	Steviol glycosides
E961	Neotame
E962	Aspartame–acesulfame salt (sweetener)
E965	Maltitol (i) Maltitol (ii) Maltitol syrup (sweetener) (stabiliser)
E966	Lactitol
E967	Xylitol
E968	Erythritol
E999	Quillaia extract

E1000 – E1599 (additional chemicals)

Code	Name(s)
E1000	Cholic acid
E1001	Choline salts
E1100	Amylase
E1101	Proteases ((i)Protease, (ii)Papain, (iii)Bromelain, (iv)Ficin)
E1102	Glucose oxidase
E1103	Invertase
E1104	Lipases
E1105	Lysozyme
E1200	Polydextrose
E1201	Polyvinylpyrrolidone
E1202	Polyvinylpolypyrrolidone (carrier)
E1203	Polyvinyl alcohol
E1204	Pullulan
E1400	Dextrin (Dextrins, roasted starch white and yellow) (stabiliser)
E1401	Modified starch ((Acid–treated starch) stabiliser)
E1402	Alkaline modified starch (stabiliser)
E1403	Bleached starch (stabiliser)
E1404	Oxidized starch (emulsifier)
E1405	Enzyme treated starch
E1410	Monostarch phosphate (stabiliser)
E1411	Distarch glycerol (thickening agent)
E1412	Distarch phosphate esterified with sodium trimetasphosphate; esterified with phosphorus oxychloride (stabiliser)
E1413	Phosphated distarch phosphate (stabiliser)
E1414	Acetylated distarch phosphate (emulsifier)
E1420	Starch acetate esterified with acetic anhydride (stabiliser)
E1421	Starch acetate esterified with vinyl acetate (stabiliser)

E1422   Acetylated distarch adipate (stabiliser)

E1423   Acetylated distarch glycerol

E1430   Distarch glycerine (stabiliser)

E1440   Hydroxy propyl starch (emulsifier)

E1441   Hydroxy propyl distarch glycerine (stabiliser)

E1442   Hydroxy propyl distarch phosphate (stabiliser)

E1443   Hydroxy propyl distarch glycerol

E1450   Starch sodium octenyl succinate (emulsifier) (stabiliser)

E1451   Acetylated oxidised starch (emulsifier)

E1452   Starch aluminium octenyl succinate

E1501   Benzylated hydrocarbons

E1502   Butane-1, 3-diol

E1503   Castor oil

E1504   Ethyl acetate

E1505   Triethyl citrate

E1510   Ethanol

E1516   Glyceryl monoacetate

E1517   Glyceryl diacetate or diacetin

E1518   Glyceryl triacetate or triacetin

E1519   Benzyl alcohol

E1520   Propylene glycol

E1521   Polyethylene glycol 8000[25]

E1525   Hydroxyethyl cellulose

주요 용어 정리

−18℃

섭취하는 식재료의 성분이 동결이 완성되는 온도, 유동성이 정지되는 온도

85℃

젤라또 재료의 고온살균 온도

50 베이스

사용되는 주재료, 우유 또는 물 1리터 기준으로 사전에 배합되어 준비된 혼합 베이스로 서 주 액상재료 1리터당 50gram이 사용되는 베이스이다.

100 베이스

사용되는 주재료, 우유 또는 물 1리터 기준으로 사전에 배합되어 준비된 혼합 베이스로 서 주 액상재료 1리터당 100gram이 사용되는 베이스이다.

DE 값

Dxtrose Equivalent

고온살균

혼합된 젤라또 베이스를 살균하는 방법중에서 섭씨 85℃까지 가열하여 주는 살균 방법, 이에 대응되어 섭씨 63℃에서 30분 정도 열처리 하는 저온살균 방법도 있다.

고형분

젤라또를 만들기 위하여 액상 및 전체 원부재료가 배합된 상태를 베이스, 또는 믹스라고 하며, 이러한 액상의 베이스 내부에 존재하는 수분을 제외한 나머지 성분의 총량 (gram)

젤라또의 성상이나, 물성의 변화를 분석하기 위해서는 반드시 최우선으로 확인해야 하 는 주요 점검 항목이 고형분이다.

공기 함유량

오버런과 대비되는 용어로서, 최종 제품의 관점에서, 최종 제품에 포함된 공기의 부피
량, 즉 최종 아이스크림의 부피에 포함된 공기의 부피 비율이다.

과당

과일속에 존재하는 단맛의 성분으로, 단당류 가운데 단맛이 가장 강하고, 포도당과 함께
과일, 꿀, 시럽 및 몇몇 채소 등에 들어 있다. 과당은 포도당과 합쳐져서 이당류인 설탕
이 된다.

과일베이스

과일을 사용하는 젤라또를 만들 경우, 미리 혼합된 베이스를 사용하게 되며 이를 과일
베이스라고 한다. 종류에 따라 50, 100, 혹은 추가적인 첨가성분 없이 사용하는 제품도
있다.

그라니따

이태리 남부지역에서 볼 수 있는 슬러쉬 형태의 제품으로서, 빙결정 생성을 조정하여 시
원하고, 과일맛을 최대한 표현하는 콜드 디저트의 한종류이다.

급속 동결기

일반적인 동결 온도와 다르게, 배치프리져에서 젤라또를 만들고 난후에 젤라또를 쇼케
이스에 이동 하기전에, 젤라또 내부의 온도 편차에 따른 물성의 손상을 최소화 하기 위
하여 사용되는 동결 기기이다.

저온환경 및 급속 동결기의 내부 환경에 따라 젤라또의 품질에 많은 차이가 나타나며,
가장 빠른 시간내에 젤라또의 형태를 고착시킬 수 있는 성능이 중요하다.

난황

달걀 노른자 부분이며, Egg Yolk 라고도 함, 60gram 달걀 기준 약 1.8gram 정도 노른
자 내부에 포함되어 있다고 한다.

노촐라

이태리어로 헤이즐넛을 말함 (Nocciola = Hazelnut)

다품종 소량생산

젤라또 매장에서, 획일적인 레시피에 의존하여 생산하지 않고, 기본적인 배합기술을 응용하여 다양한 제품을 생산할 수 있는 젤라또만의 가장 특징적인 생산 방식이다.

당도

일정한 액상내에 존재하는 당 성분의 전체 총량의 비율, 설탕, 포도당, 물엿등의 성분 함유 비율을 % 로 표시한 것이다.

대두레시틴

천연 유화제의 일종인 레시틴성분 중에서 콩성분에 함유된 레시틴 성분을 말하며, 비건 제품을 만들때 사용 되기도 한다.

비건

Vegan, 완전채식을 의미하며, 젤라또 성분을 최상의 조건에서 관리해야만 하는 고객군으로서 점진적으로 비건 고객을 대상으로하는 제품의 개발이 진행되고 있다.

유제품을 허용하는 Lacto, 달걀은 허용하는 Ovo, 달걀과 유제품을 허용하는 Lacto Ovo 로 구분하기도 한다.

동결 건조

수용액이나 다량의 수분을 함유한 재료를 동결시키고 감압 함으로써 얼음을 승화시켜 수분을 제거하여 건조물을 얻는 방법이다.

저온의 젤라또 쇼케이스 내부, 젤라또의 표면상에서 이러한 동결 건조와 유사한 현상이 발생되어, 오랜 시간이 경과된 젤라또의 표면이 건조되어 맛과 물성이 변화되는 현상이 발생된다.

동결 능력

anti-freezing power AFP, 액상의 베이스가 제조기에서 동결 되어가는 과정에서, 설탕 성분을 기준으로 포도당과 과당, 물엿과 같은 당류의 동결 지연 능력을 비율로 나타낸 것이다.

라떼

Fior di Latte, 젤라또 메뉴 중에서 우유를 사용한 제품의 가장 기초적인 메뉴의 명칭이다.

레시틴

천연 유화제의 성분으로서 달걀 노른자, 난황에 포함된 레시틴과 대두에 포함된 대두 레시틴이 있다.

레시피

젤라떼리아에서 젤라또 생산 및 제품의 표준화, 항상성을 부여하기 위하여 준비되어야 하는 배합 구성 비율표이다.

로커스트빈검

Locust Bean Gum, 식품첨가물 E-code 410 의 가장 기초적이며 성능이 우수한 안정제의 대표 성분이다.

물엿

전분시럽은 전분 또는 전분질 원료를 산 또는 효소로 부분적으로 가수분해(당화)하여 만들어진 점조성 감미물질을 말하며 산당화물엿, 효소당화물엿(맥아물엿, high maltose syrup)의 두 가지가 있다.

믹스

젤라또를 만들기 위하여 전체 원부재료를 배합한 상태의 액체를 말하며, 베이스라고도 한다.

밀크베이스

젤라또를 만들기 위하여 전체 원부재료를 배합한 상태의 액체를 말하며, 베이스라고도 하며, 주성분이 우유를 사용한 경우 밀크베이스라고 한다.

바리에가또

젤라또 원부재료 중에서, 페이스트와 유사한 종류이나 주로 제조가 완료된 젤라또의 표면에 도포하고 젤라또와 혼합하여 또다른 특색의 맛과 생삭을 주는 부재료로서 일종의 토핑기능을 하기도 한다.

바트

쇼케이스에 젤라또를 담아서 소비자에게 보여주는 제조 최소단위 용기이다.

배치프리져

젤라또를 만들기위한 제조기로서, 상부에 살균장치를 일체형으로 장착한 기기와, 살균기를 별도로 분리한 제조방식의 두 가지 부류로 구분되어 있다.

배합용 블랜더

배합된 원재료를 일정하게 혼합하는 핸드 블랜더로서, 균질의 베이스를 만드는데 필수적인 구성 장비이며, 회전날의 성상에 따라 베이스에 미세한 거품이 생성될 수 있으므로, 전문적인 제품을 사용하는 것이 좋다.

배합통

원부재료를 배합하는 대형 배합통으로서, 외부에서 내부 내용물이 보일 수 있도록 투명 또는 반투명 제품이 좋으며, 필요에 따라 (초콜릿 제품류 배합)고온의 온수를 사용할 수 있으므로 내열성이 확보되는 재질을 선택하여야 하며, 바닥은 굴곡없이 평평하여 액상의 베이스를 제조기에 넣을 경우에 최소한의 잔량이 남을 수 있는 원통형 구조가 좋다.

브릭스

Brix, 액상의 액체에 녹거나, 분산되어 포함된 물 이외의 성분 함유량의 정도를 나타낸 것이다.

젤라또를 만들때, 브릭스와 당 성분 함유량을 혼돈하는 경우가 있는데, 이 경우 브릭스는 당류를 포함하는 외부 고형성분의 총량을 의미한다.

비터

젤라또를 만드는 제조기 내부의 핵심 부품으로서, 액상의 베이스를 냉각 되어가는 실린더내에서 회전시키면서 내부 실린더내에 동결되는 원재료를 일정 회전속도에 따라 절살하여 혼합시키는 역할을 담당하는 부품이며, 실린더 벽면과의 접촉절삭을 담당하는 부품이 대체적으로 플라스틱을 사용하지만, 금속의 재질로 조립된 기기도 있다.

빙결정

수분이 저온의 주변 환경에 영향을 받아서 결정화된 상태를 말한다.

빙결정 생성대

순수 물 또는 물에 첨가된 어떠한 성분에 따라 어는점이 달라지며, 첨가되는 성분에 따라 빙점이 영도 이하가 된다.

또한 이러한 어는점을 통과하는 시간의 속도가 빠르게 되면, 즉 냉동능력이 강해서 빠른 시간내에 동결이 이루어지게 되면, 빙결정 생성이 상대적으로 늦어지게 되어 보다 미세한 빙결정을 얻게 되고 이경우 상대적으로 식이 좋은 젤라또를 얻을 수 있다. 액상의 베이스가 이러한 동결 시간의 지연 단축이 이루어지는 구간을 지나서 냉동상태를 만들어 가게 되는데, 이구간을 빙결정 생성대라고 한다.

산미

젤라또, 특히 과일을 이용한 젤라또를 만들 경우, 저온의 상태로 원재료의 온도가 내려가서 반동결 반고체 상태를 유지하게 되면, 색상이 다소 밝은 색을 띠게 되며, 과일 특유의 신맛을 표현하기 어려워지게 되는 젤라또가 많아진다, 따라서 충분히 숙성된 과일을 사용하지 못하는 경우 젤라또로 만들었을 때 신맛이 부족하게 되면 젤라또 전체의 풍미를 잃어버리는 경우가 많다.

따라서, 과일을 이용하는 경우에는 젤라또의 산미를 충분히 발현할 수 있도록 산도를 첨가해주는 것이, 풍미 있고 맛있는 젤라또를 만드는 중요한 팁이 되며, 레몬즙을 첨가하는 경우가 가장 보편적인 해결 방법중 하나이다.

살균기

젤라또 매장에서 사용되는 살균기는, 원재료 베이스의 성분 및 제조 공법에 따라 고온살균 (85℃) 저온살균 (63℃ 30분) 으로 나누어지며, 이러한 살균과정이 이미 내장되어 있는 장비로서 사용자의 요구에 따라 선별적으로 사용할 수 있으며, 고가의 장비는 별도의 프로그램을 사용자가 만들어 추가하는 기능을 가지고 있는 장비도 있다.

생크림

동물성 지방 성분으로 제조사별 약간의 차이는 있으나, 지방함량이 약 35% 탈지 고형분이 약 6% 내외의 제품, 젤라또를 만드는 경우에는 동물성 지방으로 만든 생크림을 사용한다.

설탕

젤라또를 만들기 위하여 포함되는 주요 성분 중 가장 중요한 핵심성분으로서, 이탈리안 레시피에 사용되는 양 보다는 우리나라 소비자의 전반적인 취향에 따라 일정비율 적게 사용된다.

설탕의 종류에 따라서, 젤라또의 최종 물성이 변하게 되므로, 매장에서 어떠한 설탕을 선정하는가에 따라서 레시피의 미세한 조정이 반드시 선행 되어야 한다.

설탕 시럽

대형 매장이나, 오랜 전통을 갖고 있는 젤라떼리아의 경우, 과일류 젤라또를 만들 경우, 일정량의 베이스와 설탕 그리고 물을 넣고 사전에 일정 비율로 가열 살균 후 냉각 시켜둔 점도가 높은 액상의 시럽을 매장에서 미리 만들어 준비한 후, 생과일과 일정 비율로 혼합하여 빠르게 젤라또를 만들어낼 수 있도록 준비한다. 이경우 미리 준비된 점도높은 시럽을 설탕 시럽이라고 한다.

소금

젤라또 메뉴 중에서 치즈 혹은 유지방 함량이 높은 제품의 경우, 저온상태에서 유지방이나 지방 성분의 풍미를 올려주기 위하여 약간의 소금을 첨가하여 유지방의 풍미를 높여주는 역할을 한다.

소르벳

유화제 및 점도 증진제를 첨가하여 점성 및 미세한 기포를 만들어 질감과 풍미를 높이는 젤라또와는 달리, 유화제 및 점도 증진제를 최소화 하여 빙결정과 원재료의 차가운 식감을 그대로 입안에 전달하는 콜드 디저트이다.

소프트 기기

상대적으로 비터의 회전이 빠르고 공기의 함유량(오버런)이 젤라또보다는 높으며, 소비자에게 판매될 수 있도록 원재료의 공급이 연속적으로 이루어지도록 별도의 원료 탱크를 두었으며, 기기 상부의 원료 탱크로부터 액상의 원재료의 자중에 의한 무게로 원액을 공급하는 방식과 별도의 이송장치를 구비한 가압식 기기가 있다.

쇼케이스

배치프리져로부터 제조된 젤라또를 소비자가 볼 수 있도록 화려한 데코레이션과 함께 진열하는 장비로서, 평균 쇼케이스 내부 온도가 −13℃ ~ −14℃를 유지하도록 한다.

외부에 젤라또가 잘 보이도록 하는 쇼케이스는 쇼케이스 내부에 냉각된 공기의 연속적인 흐름을 통하여 젤라또가 일정 온도를 유지하도록 하며, 차가운 공기의 흐름으로 인하여 젤라또 표면의 건조가 발생 될 수 있다.

내부 공기의 순환을 개선하여 효율을 높인 장비가 출시 되기도 했으며, 후면에 슬라이딩 도어나, 커튼 형태의 차단 장치를 갖고 있다.

수직형 제조기

젤라또 제조기의 한 형태로서 냉각 및 회전 비터의 위치가 수직형의 구조를 갖는 배치프리져로서, 오랜 전통적인 방식의 구조이며, 상대적으로 오버런이 낮아 점도가 높은 젤라또를 만드는데 사용된다.

수평형 제조기

비터의 회전 구조가 수평형 구조로서, 수직형 구조가 갖는 젤라또 잔류량의 문제, 낮은 오버런과 같은 구조적인 문제를 근본적으로 해결한 구조이며, 현대적인 생산 방식에서 선호하는 구조이다. 수직형 구조보다, 상대적으로 생산 속도 및 청소, 유지 관리가 용이하다.

숙성기

대형 규모의 젤라떼리아에서, 살균기의 효율을 올리고, 균질화된 품질을 유지하고 살균기의 처리과정을 거친 베이스를 일정시간 보관하여 제조기의 생산성과 살균기의 운영

효율을 높이기 위한 장비로 고속의 회전 및 빠른 열교환이 필요한 살균기와는 다른, 아주 부드러운 회전을 통한 살균 베이스의 물성을 최대한 유지 보관 할 수 있는 구조로 되어 있다.

스쿱

쇼케이스 내에 진열된 젤라또를 소량 소분하여 컵, 또는 콘에 담아서 소비자에게 전달하기위한 일종의 도구로서, 저온상태에서 보관된 젤라또를 휘저어서 빙결정을 일부 미세화시키고 점도를 최대화하여 소비자에게 최상의 식감을 전달하도록 하는데 필수적인 도구이다.

스테비아

Stevia, 설탕을 대체하고자하는 젤라또 업계의 노력으로 최근 주목받고 있는 대체 감미당의 일종으로 설탕보다 약 300배 정도의 감미도를 갖고 있다고하며, 최근에는 설탕을 제외하고 스테비아를 사용하는 베이스류가 많이 개발되어 상품화되고 있다.

스페튤라

미리 준비된 액상의 베이스를 제조기에 부어 넣거나, 젤라또를 제조기에서 바트에 옮겨 담고 모양을 내기 위한 용도로 사용하며, 끝부분이 탄성을 갖는 연질의 제품과 딱딱한 재질의 제품이 있다.

식물성 지방

지방은 젤라또의 핵심 성분중의 하나이며, 때때로 물성에 따라 식물성 지방을 사용하기도 하지만, 최고의 식감을 원할 경우에는 식물성 지방의 사용을 최대한 억제 하여야 하며, 가능하면 사용하지 않는 것이 최고의 젤라또를 얻을 수 있는 기본이다.

식품첨가물 E-Code

젤라또에 사용되는 첨가 성분은 영문명칭이나 식품첨가물 코드로 표기되는 경우가 많다. 젤라띠에레는 사용하는 베이스파우더나, 페이스트류에 포함된 성분및 E-Code를 이해하는 것이 좋은 질감의 젤라또를 만드는데 도움이 된다.

아포가또

Affogato, 젤라또를 응용한 대표적인 메뉴로서 라떼 또는 소비자의 취향에 따라 치즈, 바닐라 등의 밀크베이스 제품에 에스프레소를 섞어서 먹는 메뉴이다.

에스프레소의 품질에 따라서 밀크베이스 제품과의 환상적인 조화가 필수적이며, 젤라또의 오버런이 많거나, 커피의 산미가 강할 경우 아포가또의 품질이 기대 이하로 나타나게 되므로 젤라또의 밸런스 뿐만 아니라, 커피의 상태도 아주 세심하게 관리해야만 하는 젤라또 전문점의 대표 복합 메뉴이며, 젤라떼리아의 기술력을 짐작할 수 있는 메뉴이다.

안정제

Stabilizer, 액상 베이스내의 수분이 빙결정 생성대를 통과하면서 수분이 얼음으로 상태가 변하여 젤라또 내부에 미세하게 존재하게 된다.

시간이 경과하면서 이러한 빙결정의 크기가 커지고 경도가 강해지면 젤라또의 식감을 저해하게 되므로 이러한 빙결정의 과대 생성 및 경화를 지연 또는 억제하는 목적으로 사용되는 첨가제를 안정제라고 하며, 안정제에 의한 점도, 찰진 느낌이 증대되기도 하여 점도 증진의 목적으로도 첨가하게 된다.

옐로우 베이스

유화제 또는 안정제가 발달되기 전, 이탈리안 전통방식의 젤라또 제조 과정에는 반드시 달걀을 사용했으며, 특히 달걀 노른자 내에 함유되어 있는 레시틴이 유화제 역할을 하기에 노른자를 사용하여 베이스를 만들 경우, 베이스의 색상이 노란색으로 나타나게 되므로, 이를 옐로우 베이스라고 구분한다.

오버런

Overrun, 팽창률이라는 표현을 쓰기도하며, 액상의 젤라또 베이스가 제조기 내부에서 냉동과정을 거치면서 초기 액상의 부피에서 외부의 공기를 함유하면서 자연스럽게 부피가 증가되어 부풀어오른 비율이다.

최종 젤라또의 상태에서 최초 액상의 부피와 비교하여 부피가 증가된 비율이다.

우유

일반적인 우유의 기준은 지방 함량 3.5%의 우유를 사용하며, 젤라띠에레는 우유의 고형 성분인 12.5%의 비율을 반드시 이해하고 있어야 한다.

유고형분

우유내에 함유된 고형성분으로서, 지방 3.5%, 탈지 고형분 9%이다.

유기농 설탕

최근의 추세에 따라 다소 가격이 고가이더라도, 유기농 제품의 원부재료를 사용하는 경우가 있으며, 특히 설탕을 유기농으로 대체하려는 시도가 많다.

유기농 설탕의 감미도는 기존 설탕보다 낮기 때문에 기존의 레시피에서 대체하고자 할 경우에는 고형분의 증가 및 당도의 저하에 대하여 충분한 검토를 한 후에 교체 하여야하며, 유기농 설탕을 대체사용 할 경우, 고형분 증가로 인한 물성의 개선보다는, 당도 저하로 인한 젤라또의 경화현상이 두드러지게 나타날 수 있다.

유당불내증

lactose intolerance

소장의 유당분해효소 결핍 때문에 유당의 분해와 흡수가 충분히 이루어지지 않고, 대장의 세균성 유당분해에 의해 장내에서 문제가 발생되는 증상이다.

유화제

젤라또 내에 함유된 지방입자와 수분입자의 균질화된 분사을 유도하기 위해 첨가되는 첨가제로서, 결합이 어려운 지방 성분과 수분을 연결하여, 부드러운 식감을 증진시키는 역할을 한다.

우리보다 부드러운 식감을 선호하는 이태리에서는 과일류 제품을 만들 경우에도 유화제를 첨가하여, 보다 곱고 부드러운 식감의 젤라또를 만들기도 한다.

잔두야

Gianduia는 Hazelnut + 초콜릿을 섞어놓은 대표적인 밀크베이스 젤라또 메뉴이다.

저온살균

젤라또 베이스의 살균처리 단계 중에서 63℃에서 약 30분 정도 가열처리하는 과정으로, 과열에 의한 주요 성분의 물성 변화에 예민한 제품이나, 소량의 경우 사용하기도 한다.

저울

젤라떼리아에 가장 필수적인 기구류로서, 계량 오차범위가 +/− 1gram 정도는 되어야 하며, 안정제나 유화제를 계량할 경우에는 +/−0.1gram의 계량 오차범위를 갖는 저울이 필요하다. 따라서 메뉴개발이 많은 전문점의 경우에는 두 가지 저울이 모두 준비 되어야 한다.

젤라떼리아

Gelateria, 젤라또를 전문으로 판매하는 매장이다.

젤라또

Gelato, 이탈리안 특유의 점성과 천연 향미를 갖는 Frozen dessert의 일종으로서 우리에게 친숙한 아이스크림의 원조격이되는 명칭이다. 상대적으로 공기함유량이 낮아서 무게감이 있고 보관온도가 일반 아이스크림보다 높아서 제품의 조밀도가 높아 찰지고 진한 풍미를 갖는다.

찰지고 점성이 높은 식문화에 익숙한 우리나라 소비자에게도 아주 쉽게 다가갈 수 있는 충분한 디저트 상품이다.

젤라또 콘

젤라또를 소비자에게 전달하는 방법중에 컵과 콘을 사용하는 경우가 대부분이지만, 콘을 사용할 경우에는 젤라또의 점성 및 스쿱에 의한 힘 때문에 이에 충분히 견딜 수 있는 콘을 선택하여야 한다.

따라서 젤라또 콘은 일반 콘과 달리 내부 구조가 견고하고, 특히 젤라또가 담겨지는 위치는 상당히 견고한 벌집 구조를 갖고 있다.

젤라띠에레

Gelatiere, 젤라또를 만드는 사람이다.

차아염소산

젤라떼리아에서 엄격히 요구되는 조건들 중에는, 위생관리에 대한 부분이 가장 중요한 고려 대상중에 한 분야일 것이며, 젤라떼리아에서 사용하는 모든 기기 및 기물류의 살균에 대한 확실한 살균관리가 요구된다. 현재 사용 중인 여러 가지의 살균 제제 중에서도, 제품에 소량이 혼입되어도 문제되지 않는 차아염소산이 가장 탁월한 살균력을 갖고 있다고 본다.

기존의 알코올제제류도 물론 우수한 성능을 보이지만, 알코올의 휘발성 및 향미가 젤라또의 향미와 충돌되는 경우도 있어 사용에 신중을 고려해야 한다.

코코아 베이스

Cocoa Base는 화이트베이스, 옐로우베이스와 함께 이탈리안 전통 베이스 분류의 한가지로서, 카카오 분말을 이용하여 초콜릿 젤라또를 직접 가열처리하여 만들기 위한 베이스를 말한다.

탈지분유

밀크류 제품을 만들 경우, 주로 고형분 보충을 목적으로 사용되는 건조 분말 형태의 지방을 제거한 우유성분이며, Skim Milk powder 라고 설명되어 있으며, 젤라또 업계에서는 MSNF(Milk Solid Not Fat)으로 표기한다.

토핑

제조기에서 추출이 완료된 후 일정 모양의 데코레이션 과정을 거친 후에 쇼케이스에 넣어 보관하게 된다. 이 경우보다 시각적인 상품성을 높이기 위하여 같은 맛 또는 상호 보완적인 맛 성분의 농축 액상의 제품을 젤라또 윗표면에 뿌리거나 표면에 뿌린후에 2차 데코레이션을 같이 하고자 하는 목적으로 사용되는 고점도 액상의 제품이며, 견과류 제품은 건조 형태의 원물을 그대로 사용하는 경우도 있다.

단, 토핑류 또는 생과일 데코레이션을 할 경우에는 쇼케이스 내에서 수분 동결로 인한 색상의 변화 또는 식감의 저하 그리고 소비자에게 전달 될 경우의 과도한 냉각 상태로 인한 소비자의 불만을 고려해야 한다.

점도를 갖는 토핑류에는 당 성분이 충분히 포함되어 있으므로, 많은 양을 사용할 경우 젤라또 표면에서 같은 물성(흐름성 증가)을 나타내지 않는 경우가 있으므로 사용량에 주의하여야 한다.

페이스트

젤라띠에레 개인의 레시피 및 기술의 차이를 최소화 하기위해서 여러 가지 젤라또 맛을 낼 수 있도록 상품화된 맛을 선택 할 수 있으며, 이러한 상품화된 제품을 페이스트라고 한다.

페이스트는 각각의 베이스에 맞추어 일정한 권장사용량(Dosage)을 표기하고 있으며, 밀크 또는 과일베이스의 레시피가 충분히 확보되어 있다면, 상당히 편리한 상품이다. 페이스트에도 일정량의 당 성분이 포함되어 있으며, 견과류의 경우 100% 순수한 성분으로 만들어진 제품도 있다

포도당

glucose는 '달콤한'이라는 뜻의 그리스어 glykys에서 유래되었다. 글루코오스 또는 덱스트로오스라고도 한다. 젤라또의 부드럽고 달콤한 물성을 만들어주는 성분으로 설탕을 보조하는 역할을 한다.

포제티 쇼케이스

일반적으로 사용되는 젤라또 쇼케이스와는 달리 젤라또를 일정한 원통형 용기에 넣고 덮개를 덮어서 보관, 젤라또를 육안으로 확인할 수 없는 단점은 있지만, 보관용기의 온도가 상대적으로 일정하게 유지되고, 젤라또의 물성변화가 적기때문에 맛과 물성을 중요시하는 젤라또 전문점에서 선호하는 기종이다. 요즘에는 상부에 투명한 부분을 보완하여 일부 젤라또를 볼 수 있도록 개발된 제품도 있다.

이태리에서는 오래된 전문점에서 주로 선택하여 사용하고 있으며, 최근에 화려한 색상이나, 데코레이션보다 맛과 품질을 우선으로 하는 업체에서 채택하여 사용하고 있는 추세이다.

핸드메이드

Artisanal-Icecream , 젤라또의 제조 특성상 수제 또는 매장에서 직접 만드는 젤라또와 같은 마케팅의 목적으로 사용되는 문구이며, 공장형 대량생산 제품과 차별화하여 젤라또를 홍보하는 목적으로 사용되고 있다.

화이트 베이스

White Base는 우유를 기본 액상 원료로 사용하는 레시피 제품을 총칭하는 용어이며, 옐로우베이스, 코코아베이스 등과 구분하기도 한다.

돈두르마

돈두르마(Dondurma)는 터키에서 아이스크림을 부르는 말이며, 재료는 일반적으로 우유와 설탕, 살렙, 유향수지가 들어간다. 마라슈 지방에서 유래되었다 하여 마라슈 아이스크림으로 부르기도 한다.

터키 아이스크림의 품질은 특유의 질감으로 결정되는데, 야생 난초의 구근을 말려 가루로 만든 살렙과 질긴 맛을 주는 유향수지를 넣어서 조밀하고 쫄깃한 질감을 만들어낸다.

과일 퓨레

생과일을 사용할 경우에 발생할 수 있는 여러 가지 불균일한 물성 변화(산도, 색상, 당도 등) 때문에 생과일을 일정한 맛과 당도를 유지하도록 최소한의 가공처리를 하며 포장된 상태로 유통, 판매되는 제품이다.

상품 과일의 종류, 또는 제조 업체의 특성에 따라 추가로 당 성분이 약 5~15% 정도 함유되어 있기 때문에 퓨레를 사용할 경우, 추가적인 당 성분의 첨가에 대한 레시피상의 고려가 반드시 선행되어야 한다.

주로 국내에 소개된 이탈리안 페이스트 종류

과일 젤라또 베이스	Fruit gelato bases	Basi per gelatiallafrutta (Mix Frutta)
과일 젤라또 베이스	FRUIT BASE 50 ALL NATURAL SDL	BASE 50 ALL NATURAL SDL
밀크 젤라또 베이스	Cream gelato bases	Basi per gelatiallecreme
밀크 젤라또 베이스	MILK BASE 50	EXPOGEL BASE AMERICA 50

밀크 젤라또용 페이스트 / 파우더	Cream Flavours	Gelostella® Pastecrema
아몬드	ALMOND	MANDORLA
구운 아몬드	TOASTED ALMOND CREAM	CREMA MANDORLA TOSTATA
진한 초코릿	BITTER CHOCOLATE PASTE	PASTA CIOCCOLATO BITTER
치즈케익 파우더	CHEESECAKE (powder)	CHEESECAKE (polvere)
코코아	COCOA BLEND 20-22	CACAO BLEND 20/22
커피	COFFEE BRASIL 100% ARABICA	CAFFÈ BRASIL 100% ARABICA
	DISARONNO AMARETTO	DISARONNO AMARETTO
순 우유	FIORDILATTE PASTE	PASTA FIORDILATTE
헤이즐넛+ 초코	BITTER GIANDUIA	GIANDUIA AMARA
	GIANDUIA CINQUESTELLE	GIANDUIA CINQUESTELLE
헤이즐넛	ITALIA HAZELNUT PASTE	NOCCIOLA ITALIA
와인절임 포도	MALAGA	MALAGA
마스카포네 치즈 파우더	MASCARPONE (powder)	MASCARPONE (polvere)
민트	MINT	MENTA
백색 민트	WHITE MINT	MENTA BIANCA
무가당 초코릿	NO SUGAR CHOCOLATE PASTE	NO SUGAR CHOCOLATE PASTE
빤나코타	PANNACOTTA	PANNACOTTA
땅콩	PEANUTS	PEANUTS
	PINOCCHIO	PINOCCHIO
피스타치오	PISTACHIO	PISTACCHIO

리코타 치즈 파우더	RICOTTA (powder)	RICOTTA (polvere)
티라미수	TIRAMISÙ	TIRAMISÙ
바닐라	VANILLA AN	VANIGLIA AN
호두	WALNUT	NOCE
요거트 파우더	YOGURT (powder)	YOGURT (polvere)
자바요네	ZABAIONE FLORIO® GELATO	ZABAIONE FLORIO GELATERIA
과자맛	KOOKIE	KOOKIE

FRUIT FLAVOURS

과일 젤라또용 페이스트/ 파우더	Ready to use—fruit flavours	Liogel®
살구	APRICOT SDL	ALBICOCCA SDL
바나나	BANANA	BANANA
감귤류	CITRUS FRUIT	AGRUMI
코코넛	COCONUT	COCCO SDL
청사과	GREEN APPLE	MELA VERDE
레몬	LEMON 50 SDL	LIMONE 50 SDL
멜론	MELON SDL	MELONE SDL
파인애플	PINEAPPLE SDL	ANANAS SDL
홍자몽	PINK GRAPEFRUIT	POMPELMO ROSA SDL
석류	POMEGRANATE SDL	MELOGRANO SDL
라즈베리	RASPBERRY SDL	LAMPONE SDL
레드 오렌지	RED ORANGE SDL	ARANCIA ROSSA SDL
딸기	STRAWBERRY SDL	FRAGOLA SDL
수박	WATERMELON SDL	ANGURIA SDL
복숭아	YELLOW PEACH	PESCA GIALLA

EPILOGUE

국내 Gelato 관련 자료가 전무한 상태에서 여러 업체의 자체 교육자료와 원부재료 소개에 관련된 자료를 종합하고 이태리 여러 분야에 종사하고 계신 많은 스승님들을 찾아 다니며 묻고 또 물어보면서 배운 내용들을 정리했습니다.

본 책자의 내용보다 더 기술적, 학문적으로 더 많은 경험을 갖고 계신 분들도 많이 계실 줄 압니다만, 누군가는, 이제는, 체계적인 Gelato에 대해서 정리할 때가 지났다고 판단이 되어 용감하게 도전해 보았습니다. Gelato에 대해 보다 수준 높은 기술 지식을 갖고 계신 분들께는 부족한 부분이 많이 있으리라 생각됩니다. 지금 시작하시는 분들과 여러 가지로 흩어진 자료의 정리가 꼭 필요하신 모든 분들에게 조금이나마 이 책자가 도움이 되기를 간절히 바랍니다.

본 책자를 정리하는 데 도움을 주신 Stella사를 비롯하며, Bravo, Easybest 와 IMG 회원사에 다시 한번 감사드립니다.

저에게 개인적으로 많은 기술을 아낌없이 전해주신 Mr. Paolo Cappellini 스승님과 언제나 아버지같은 영원한 Gelato의 스승이며 팔순의 나이에도 Gelato를 알려주시려고 노력하시는 Mr. Dani Rendeli 에게 존경의 마음을 이 책에 담고자 한다.

끝으로 미래의 Gelato 전문가에게 대한민국을 넘어 세계에서 활동하는 큰 꿈을 이룰 수 있기를 기원 드립니다.

Gelato 스승
Mr. Dani Rendeli

Mr. Paolo Capellini와 함께

스텔라 수석 젤라띠에레
Mr. Massino De Luca와 함께

IMG 주관 젤라또대회 사진

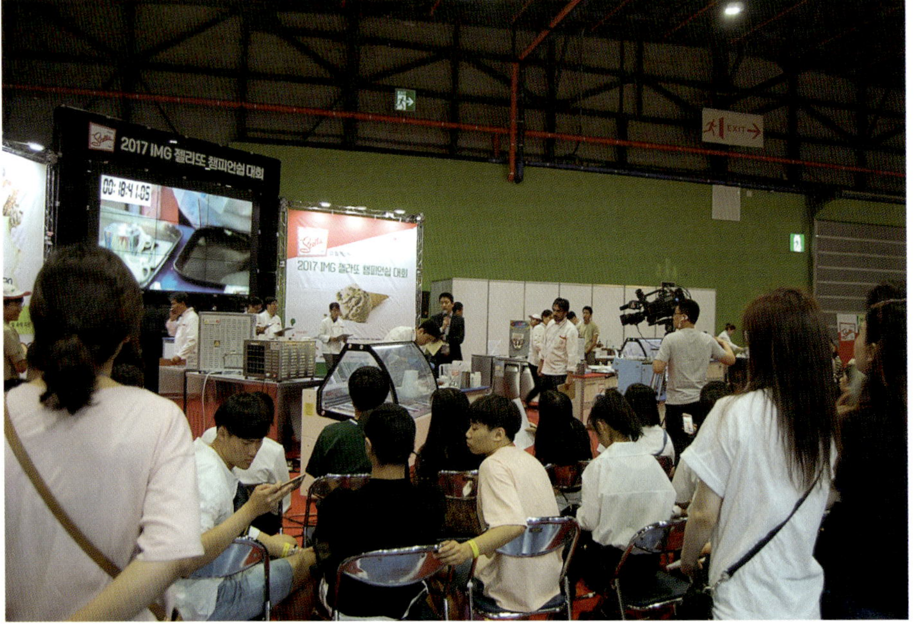

Stella
2017 IMG 젤라또 챔피언쉽 대회
청 2 홍 5
와 함께하는
2017 IMG 젤라또 챔피언쉽 대회

HASGARANTI

와 함께하는
2017 IMG 젤라또 챔피언쉽 대회
6월 1일(목) ~ 4일(일) SETEC

Prodotti
Stella
1936
와 함께하는
2017 IMG 젤라또 챔피언쉽 대회
우승
2018년 1월, 이태리 리미니에서 개최되는
Salone Internazionale del gelato 전시회

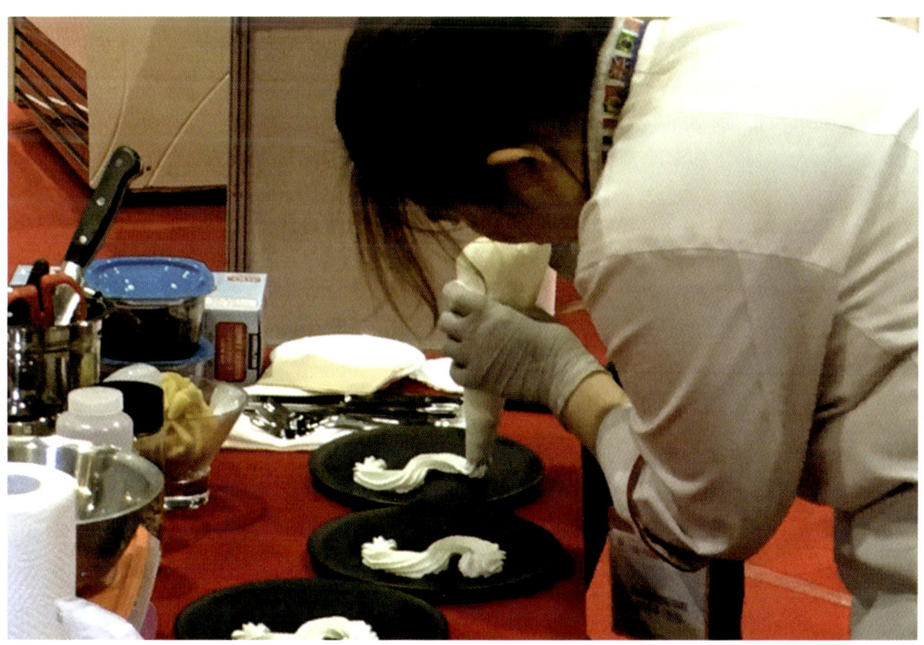

자료제공 월간 커피&T

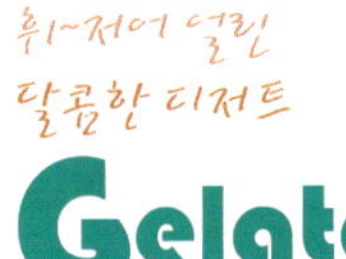

초판발행 2017년 7월 15일

지은이 최민우, 엄성식 (주)IMG
디자인 백지선
펴낸곳 오스틴북스 / **주소** 경기도 고양시 일산동구 백석동 1351번지
전화 070-4123-5716 / **팩스** 031-902-5716
등록 2010년 2월 26일 제396-2010-000009호
ISBN 978-89-94874-94-4 13570

이 책에 대한 의견이나 오탈자 및 잘못된 내용에 대한 수정 정보는 아래 이메일로 알려주십시오.
잘못된 책은 구입하신 서점에서 교환해 드립니다.
홈페이지 www.austinbooks.co.kr
이메일 ssung7805@hanmail.net